EINSTEINS FÖRSTA MISSTAG

Tidsintervall

Evgeni Bantutov

ЕДБ

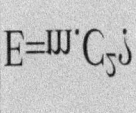

Copyright © 2022 Evgeni Bantutov

All rights reserved

The characters and events portrayed in this book are fictitious. Any similarity to real persons, living or dead, is coincidental and not intended by the author.

No part of this book may be reproduced, or stored in a retrieval system, or transmitted in any form or by any means, electronic, mechanical, photocopying, recording, or otherwise, without express written permission of the publisher.

Cover design by: ЕДБ

CONTENTS

Title Page
Copyright
1. Förord — 1
2. Inledning — 2
3. Beskrivning av problemet — 3
4. Lösning på problemet — 55
5. Analys 2022-02-02. — 60
6 Analys 22022022 — 65
7. Definition miljö — 67
8. Förklaringar till definitionsmiljön. — 68
9. Slutsats — 74

1. FÖRORD

Den här boken heter Einsteins första misstag. Den är utformad som en andra upplaga och utökad version av boken "Einsteins misstag". Väsentliga delar av huvudtexten har redigerats och tre nya kapitel har lagts till.

2. INLEDNING

Den speciella relativitetsteorin skapades av Albert Einstein. Det är en teori om tid, rum och rörelse.

När han skapade den speciella relativitetsteorin använde Einstein klockor som mäter tid.

Dessa klockor måste gå synkront. För att de ska fungera synkront måste de vara synkroniserade i förväg. Synkronisering av klockor görs alltid med en metod för att verifiera den synkrona driften av klockor.

Metoden som Albert Einstein använder är omöjlig. När Albert Einsteins metod är omöjlig, då är Special Relativity också omöjlig.

Detta är vad vi kommer att visa i den här boken.

Det finns många figurer i boken. Genom figurerna visas och förklaras enkelt Albert Einsteins metod a för att kontrollera klockornas synkrona drift.

När det finns siffror förstår läsare som inte har en specialutbildning i fysik omedelbart vad Albert Einsteins misstag var.

Boken är gjord ganska medvetet, för personer som inte är specialister på fysik, men som gillar att tänka, analysera och söka svar på intressanta fysiska frågor och naturmysterier.

3. BESKRIVNING AV PROBLEMET

År 1905, artikeln " Zur elek ₜ rodynamik upphovsman Kö rper " Annalen _ der Physik 1905 17, 891-921).
Författaren är mycket ung, och han heter Albert Einstein. Efter denna artikel blev han en världsberömd forskare.
Artikeln består av en inledning, två delar och tio stycken. Det viktigaste sägs på de tre första sidorna i artikeln. På dessa få sidor visas de idéer som ligger till grund för den speciella relativitetsteorin. Dessa idéer är föremål för allvarlig kritik och kan invändas.
Den huvudsakliga invändningen är mot Albert Einsteins metod att synkronisera klockor.
Så här säger Einstein:

Om en klocka är placerad vid en punkt i rymden, då kan observatören som befinner sig vid A bestämma tidpunkten för händelserna direkt vid A. Genom att fråga efter sammanträffandet av de samtidigt med dessa händelser positionen av visarna på klockan. Om det vid en annan punkt B i rymden också finns en klocka, - vi kan lägga till, "en klocka med exakt samma anordning som den som finns i, A - så är det fortfarande möjligt att bestämma tidpunkten för händelserna i omedelbar närhet, från en placerad i observatören B.
Utan ett ytterligare antagande är det dock inte möjligt att i tid jämföra en händelse i, A med en händelse i B; hittills har vi

definierat "tid A" och "tid B", men inte det allmänna, för A och B "tid".

Vi kan göra det senare genom att per definition anta att tiden det tar ljus att nå från A till B är lika med tiden det tar att nå från B till A. Låt det vara just i ett ögonblick t_A i förhållande till tiden A, en ljusstråle riktas från A till B, i ett ögonblick t_B i förhållande till tiden B, den reflekteras från B till A, och i ett ögonblick t'_A i förhållande till "tid" A återvänder den tillbaka till A. Per definition är två klockor synkroniserade om:

$$t_B - t_A = t'_A - t_B$$

Detta är texten där Albert Einstein visar sin metod för att synkronisera två klockor, och bevisar att dessa två klockor fungerar synkroniserat. Einsteins metod är lätt att förklara och förstå genom att använda ett numeriskt exempel.

Till exempel A skickar en observatör en ljuspuls klockan åtta på morgonen. Klockan åtta är ett ögonblick i tiden t_A.

$$t_A = 8$$

Om de två klockorna är synkroniserade bör observatörens klocka B också visa klockan åtta.

Början av ljuspulsen kommer till punkt B, och sedan visar klockan för observatören som ligger vid punkt, B klockan tio. Klockan tio är ett ögonblick t_B

$$t_B = 10$$

Om de två klockorna är synkroniserade bör observatörens klocka A också visa klockan tio.

Strålen reflekteras från punkt B, och återvänder till en observatör A vid tolvtiden. Klockan tolv är ett ögonblick t'_A.

$$t'_A = 12$$

Om de två klockorna är synkroniserade, bör klockan i punkt, B också visa klockan tolv.

Ljuspulsen färdas avståndet från A till B om två timmar, och reser det omvända avståndet, från B till A, igen om två timmar.

Enligt Einsteins definition är två klockor synkroniserade om:

$$t_B - t_A = t'_A - t_B$$

I Einsteins formel ersätter vi tidens ögonblick med deras numeriska värden och får uttrycket:

10-8=12-10

Det erhålls:

2=2.

Jämlikheten är sann, därför är klockorna synkroniserade. Allt är väldigt enkelt och läsaren är övertygad om att eventuella kommentarer är onödiga.

Tyvärr är detta inte sant.

Nu ska du och jag, kära läsare, noggrant analysera Albert Einsteins metod.

Albert Einstein säger följande:

Låt det vara just i ett ögonblick t_A i förhållande till "tid A" som en ljusstråle riktas från A till B, i ett ögonblick t_B i förhållande till "tid B", reflekteras den från B till A, och i ett ögonblick t'_A relativt "tid A" återvänder den tillbaka till A.

Av det som har sagts följer att när strålen kommer till punkt , B måste den reflektera från punkt , B och börja röra sig i motsatt riktning, till punkt A. Albert Einstein förklarade inte hur en ljusstråle reflekteras. Einstein visade inte ett specifikt sätt på vilket ljuset skulle reflektera och börja röra sig från punkt B till punkt A.

Vi vet alla att det enklaste sättet att reflektera ljus är genom en spegel.

Till exempel, i artikeln av G. B. Malinin ("Om möjligheterna till experimentell testning av det andra postulatet för speciell relativitetsteori" Uspekhi fiziknih Nauk, 2004, volym 174.)

skrivs det att reflektionen av ljus utförs av en spegel.

Därför bestämmer vi oss också för att använda en spegel. För detta ändamål placerar vi en spegel vid punkt B. Spegelns reflekterande yta är riktad mot punkten A.

För att göra det ganska tydligt, se figur 1.

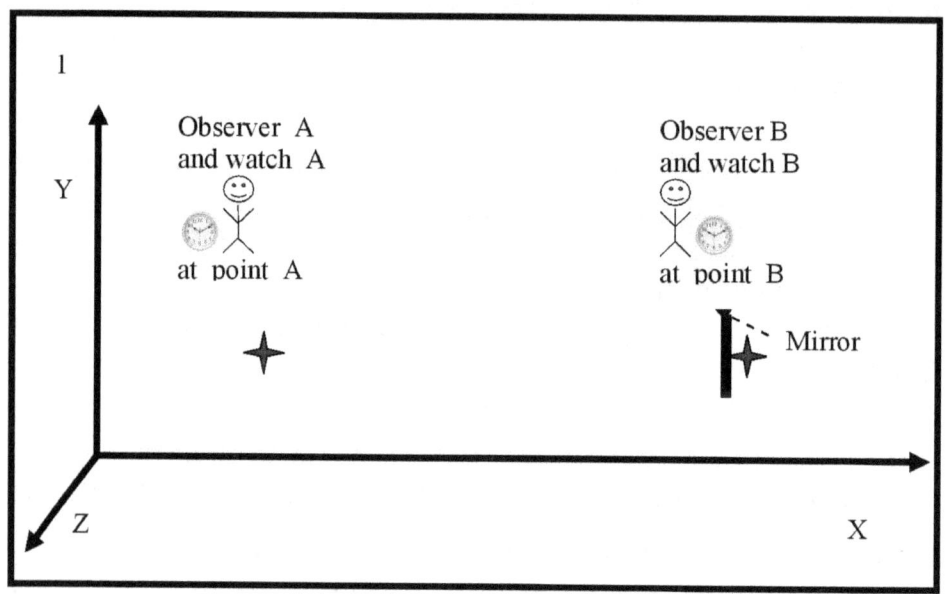

Figur 1 visar:

Koordinatsystem XYZ.

En punkt A där en observatör A som är försedd med en klocka befinner sig A.

En punkt B där en observatör B som är försedd med en klocka befinner sig B. En spegel är placerad framför punkt B, som kan reflektera en ljusstråle.

Punkt A, och punkt B är markerade med symbolen " " ✦.

Klockorna vid punkt A och punkt B är desamma. När klockorna är lika, antas det att de mäter samma tid.

observatör A vet inte hur visarna på en observatörs klocka rör sig B.

Omvänt vet en observatör B inte hur visarna på

en observatörs klocka rör sig A. Klockorna måste vara synkroniserade.

Albert Einstein föreslog att de två klockornas rörelser skulle synkroniseras med hjälp av en ljusstråle. Albert Einsteins metod säger att en observatör A skickar en ljusstråle till en observatör B. En laser kan användas.

Se figur 2.

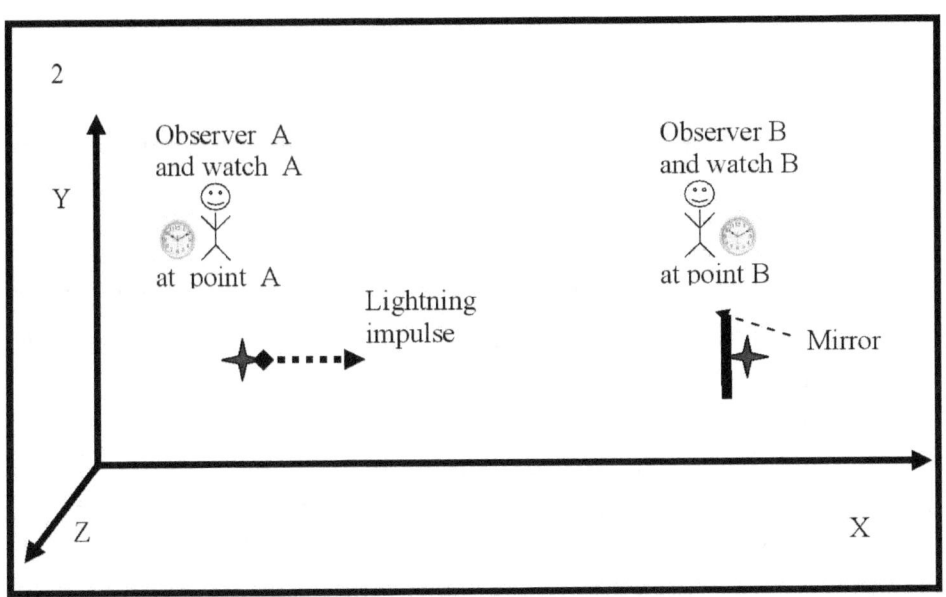

Figur 2 visar en laserljuspuls.

En ljuspuls har en början och ett slut. Uppkomsten av början av ljuspulsen är en händelse som inträffar vid ett ögonblick i tiden t_A. Observatören A bestämmer ögonblicket i tiden t_A med hjälp av sin klocka, som är placerad i omedelbar närhet av en punkt A. Observatören vid en punkt A kommer ihåg att händelsen "uppkomsten av ljuspulsens början" inträffade vid en tidpunkt t_A.

Ljuspulsen börjar röra sig mot observatören som befinner sig vid punkten B.

Se figur 3.

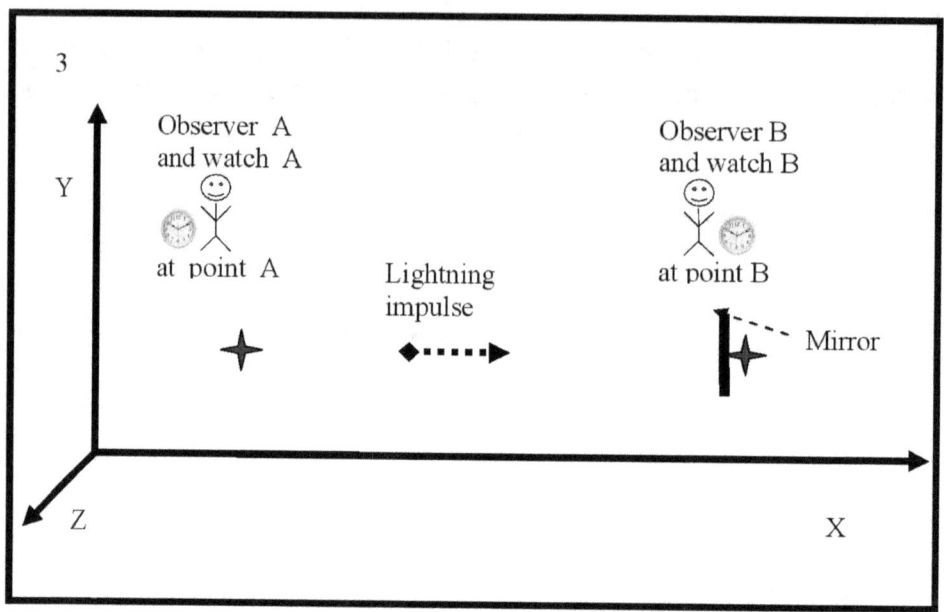

Figur 3 visar att ljuspulsen ligger någonstans mellan punkt A och punkt B.

Observatören som befinner sig vid punkt A, kan inte observera ljusstrålens rörelse. Men observatören som befinner sig vid punkt, A vet (har information) att ljusstrålen rör sig mot observatören vid punkt, B och att ljusstrålen kommer att reflekteras från spegeln (som är belägen vid punkt), B och kommer tillbaka tillbaka att peka A.

Observatören vid punkt A, tittar noggrant på avläsningarna av sin klocka och väntar på att ljusstrålen återvänder, tillbaka till punkt A.

Ljuspulsen kommer till punkten B.
Se figur 4.

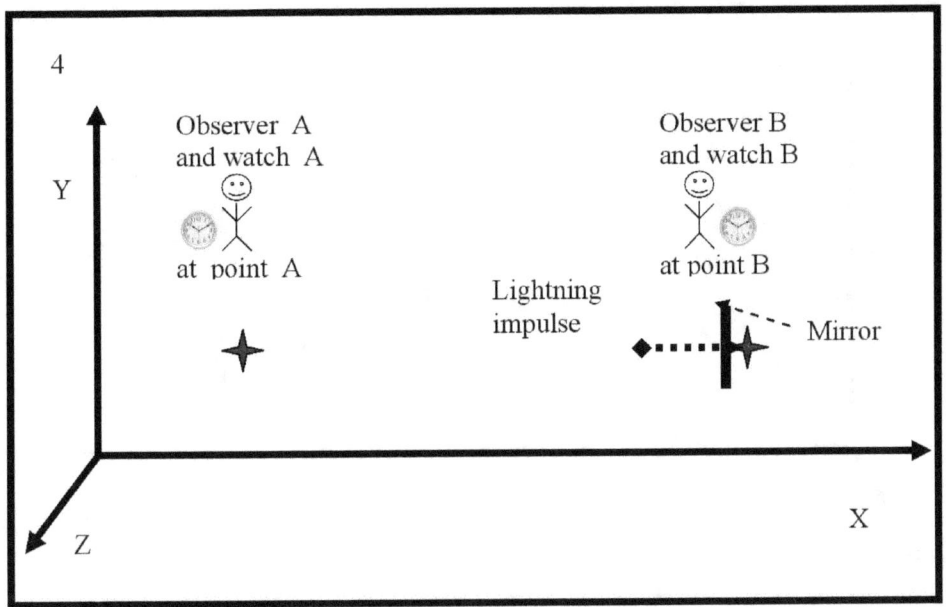

Figur 4 visar att observatören vid en punkt B märker ljuspulsens ankomst och ser den reflekteras av spegeln. Ljusstrålens ankomst till en punkt B och reflektionen av ljusstrålen från spegeln är två händelser som inträffar vid samma ögonblick t_B.

Se figur 5.

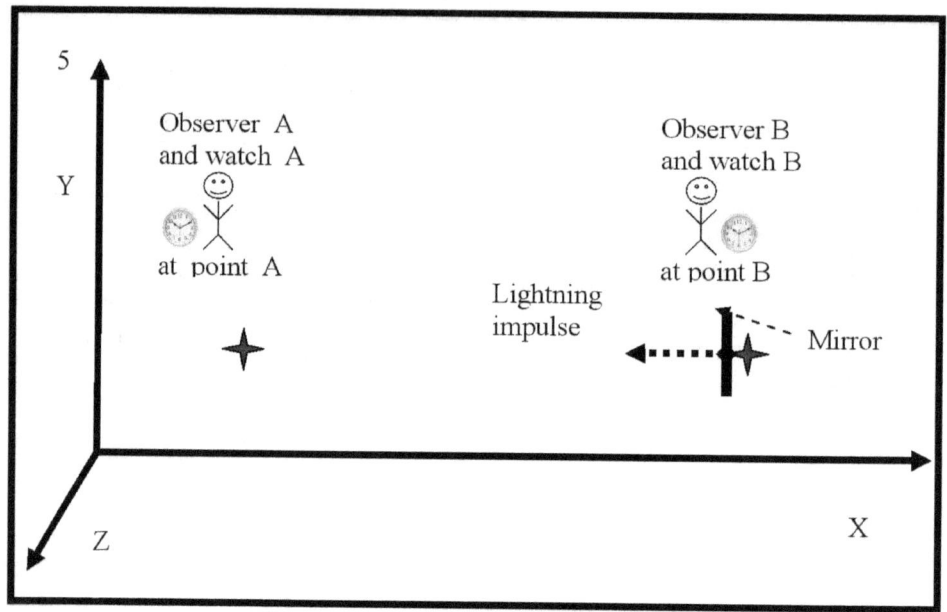

Figur 5 visar ankomsten och reflektionen av ljuspulsen. Observatören B noterar vid ett tillfälle att dessa två händelser, ankomst och reflektion, inträffar vid samma ögonblick i tiden t_B. Tidsögonblicket t_B registreras av avläsningarna av klockans visare, av observatören vid punkt B. Observatören, som befinner sig vid punkt B, minns att ljusstrålens ankomst och reflektion sker vid ett ögonblick i tiden t_B.

Ljuspulsen reflekteras från spegeln och går tillbaka till en punkt A där betraktaren befinner sig A.

Se figur 6.

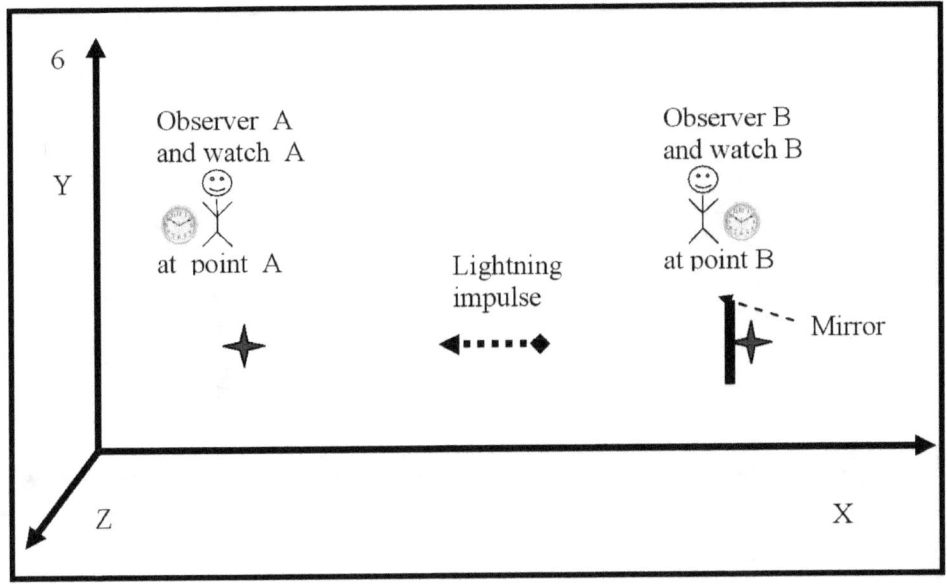

Figur 6 visar att ljuspulsen är placerad någonstans mellan punkt A och punkt B. Observatören vid punkten A och observatören vid punkten B kan inte observera ljuspulsens rörelse, men de vet att pulsen rör sig från punkt B till punkt A

Ljuspulsen kommer till punkten A.

Se figur 7.

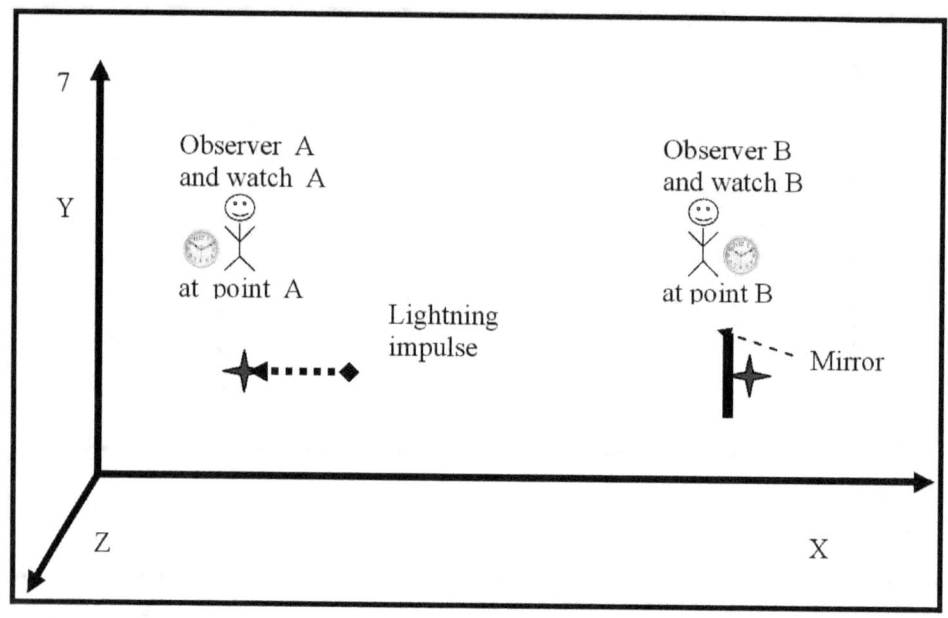

Figur 7 visar att ankomsten av pulsen vid punkten A är en inträffande händelse. Observatören i punkt A noterar att ankomsten av ljuspulsen inträffar vid ett ögonblick i tiden t'_A.

Mätningen av tidpunkten t'_A utförs av klockans avläsningar, som är placerad vid punkten A. Observatören vid en punkt A kommer ihåg ögonblicket av tid t'_A, eftersom ögonblicket av tid, t'_A är nödvändigt för att synkronisera de två klockorna.

Efter att ha utfört tankeexperimentet kommer fyra viktiga resultat fram.

Första viktiga resultatet:

Observatören vid en punkt A känner till **det** numeriska värdet för den tid t_A då ljuspulsen lämnade punkten, A och **känner till** det numeriska värdet för den tid t'_A då ljuspulsen kom tillbaka till punkten A.

Ett andra viktigt resultat:

Observatören vid en punkt känner A inte **till** det numeriska värdet för det ögonblick t_B då ljuspulsen anlände till punkten B.

Ett tredje viktigt resultat:
Observatören i punkt B **vet** att ljuspulsen har kommit till en punkt B, vid ett ögonblick t_B, registrerad av en klocka B.

Fjärde viktiga resultatet:
Observatören vid en punkt känner B inte **till** det numeriska värdet för det ögonblick t_A då ljuspulsen lämnade punkten, A och **han vet inte** det numeriska värdet för det ögonblick t'_A då ljuspulsen kom tillbaka till punkten A.

För att de två klockorna ska synkroniseras enligt måste villkoret vara uppfyllt:

$$t_B - t_A = t'_A - t_B$$

För att kunna skriva det matematiska uttrycket måste minst en av de två observatörerna, antingen observatören som befinner sig vid punkt, A **eller** observatören som befinner sig vid punkt B, veta **de tre numeriska värdena**, vid tidpunkten t_A, t_B och t'_A.

Tyvärr känner ingen av de två observatörerna, den första vid punkt, A och den andra vid punkt B, **de tre numeriska värdena** för tidsögonblick t_A, t_B och t'_A.

Se figur 8.

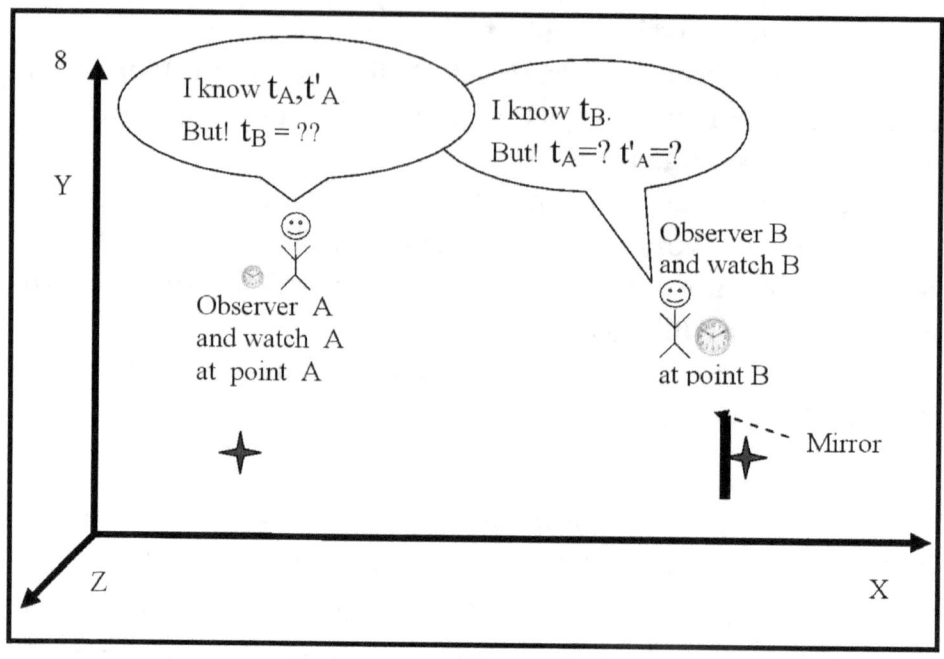

Figur 8 visar att då kan ingen av observatörerna, den första belägen vid punkt, A och den andra belägen vid punkt B, skriva det matematiska uttrycket

$$t_B - t_A = t'_A - t_B$$

med vilka tidsintervaller bestäms.

Eftersom det matematiska uttrycket inte kan skrivas, följer det att observatörer inte kan beräkna de två tidsintervallen. Om observatörer inte kan beräkna de två tidsintervallen kan de inte synkronisera de två klockorna.

Vi gjorde en analys, och resultatet av analysen är att Albert Einstein gjorde ett fruktansvärt misstag, och hans metod för att bevisa synkron drift av två klockor var fel.

Det väcker frågan, gjorde Albert Einstein verkligen ett misstag? Kanske har vi i vår analys blandat ihop något?

Vår analys och slutsatsen vi gjorde är korrekta. Om Albert Einsteins metod använde en spegel för att reflektera ljuspulsen kunde inte klockorna synkroniseras.

Problemet är att Albert Einstein inte förklarade i detalj,

i detalj, hur det mentala ett experiment. Detaljer är mycket viktiga när man genomför ett tankeexperiment, men tyvärr uppmärksammade Albert Einstein inte detta faktum.

I den här situationen måste vi tänka och fundera över vad Albert Einstein ville säga. När vi förstår Albert Einsteins idé måste vi ändra sättet, metoden för att synkronisera de två klockorna och analysera resultaten igen.

Vi har redan förstått att observatören som ligger vid punkt A, vet t_A, och t'_A, men vet inte ögonblicket av tid, t_B och kan inte beräkna de två tidsintervallen och visa att de är lika.

Frågan uppstår: hur A kommer betraktaren vid punkten att förstå ögonblickets numeriska värde t_B?

Observatören A kan förstå det numeriska värdet av vememomentet, t_B av klockan som är belägen vid en punkt, B genom att direkt observera urtavlan på klockan som är belägen vid en punkt B. Kanske var det Albert Einsteins idé? Om så är fallet måste ljusstrålen som sänds från observatören A till observatören B belysa urtavlan vid punkten B och reflekteras av urtavlan B. Ljuset som reflekteras från en klocka B kommer att återvända till en observatör A, och observatören A kommer att se visarna på en klocka B. Då B får det inte finnas någon spegel. En observatörs klocka bör placeras i stället för spegeln B.

Nu kommer vi att visa, genom flera figurer, i detalj och i detalj, steg för steg, essensen av det nya tankeexperimentet.

Se figur 9.

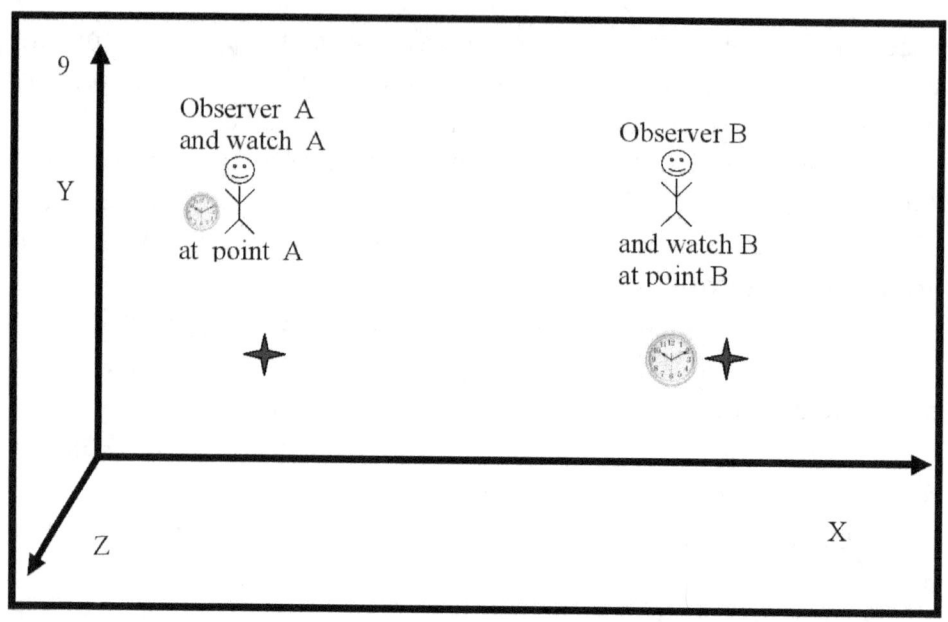

I figur 9 visas de två observatörerna. Den första observatören finns i omedelbar närhet av punkten A. Bredvid observatören står en klocka A. Den andra observatören är placerad i omedelbar närhet av punkten B. En B observatörs klocka är placerad framför en punkt B. Observatörens B klocka är placerad i stället för spegeln. Urtavlan B är riktad mot en observatör A. När urtavlan på en klocka B är riktad mot en punkt A, kommer ljuspulsen att lysa upp urtavlan och reflektera tillbaka till en observatör A.

Det nya experimentet genomförs på ett annat sätt. Startförhållandena är olika. Den största skillnaden är att observatören som befinner sig vid punkten A måste se placeringen av visarna på klockan som är placerad vid punkten B. Detta kommer att hända när början av ljusstrålen anländer till en klocka, B och lyser upp en klocka B och reflekteras tillbaka till en observatör A och anländer till en observatör A.

Vid belysningsögonblicket visar pilarna det numeriska värdet för ögonblicket t_B.

Frågan uppstår: hur kan det göras så att en observatör A

kan se det exakta ögonblicket för belysning av urtavlan på en klocka B?

Svaret är enkelt. Detta innebär att experimentet måste utföras i mörker. Därför, när vi genomför tankeexperimentet "släcker vi ljuset".

Se figur 10.

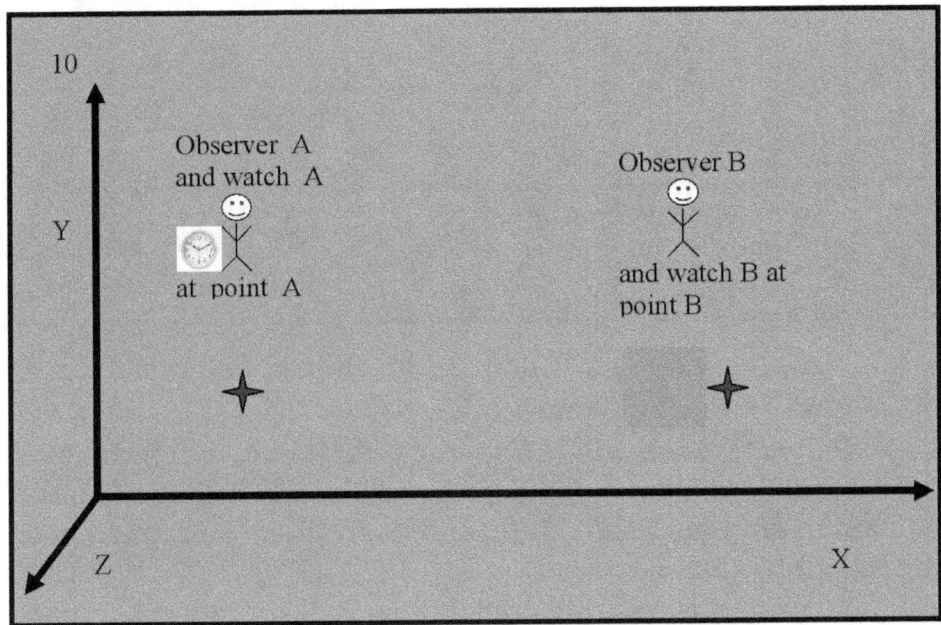

Figur 10 visar att observatören som befinner sig vid punkt, A ser visarna på sin klocka A, som är lätt upplyst, men inte ser visarna på klockan som ligger vid punkt, B eftersom det är mörkt.

Observatören som befinner sig vid en punkt B ser inte visarna på sin klocka B.

En observatör A skickar en ljusstråle till en observatör B.
Se figur 11.

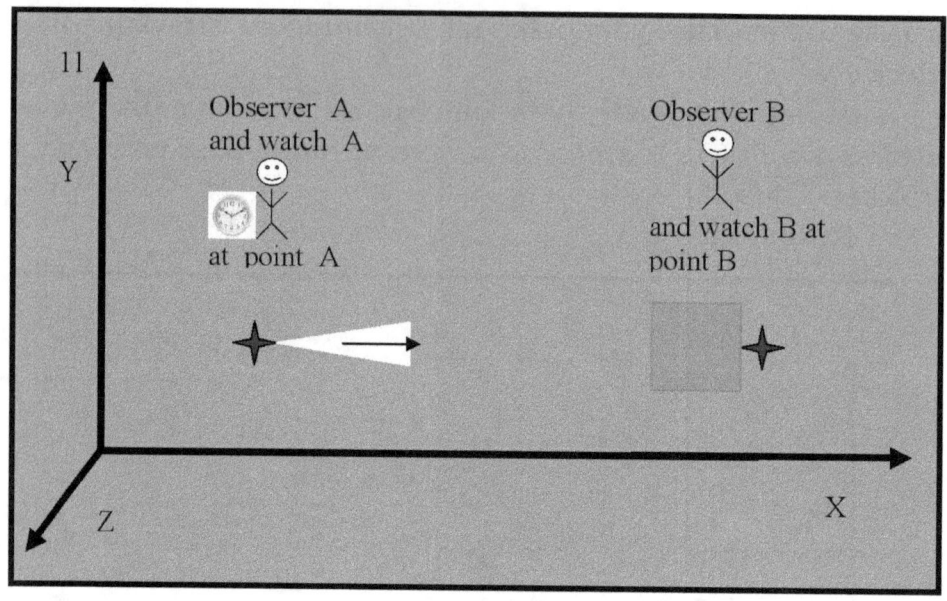

Figur 11 visar att källan till ljuspulsen kommer från en ficklampa som är riktad mot klockan B.

Vi måste komma ihåg att när det första tankeexperimentet genomfördes var källan till ljuspulsen en laser. Skillnaden mellan ljuspulsen från en laser och ljuspulsen från en ficklampa är en mycket viktig faktor.

Starten av laserstrålen reflekteras från spegeln och studsar tillbaka. Starten av laserstrålen innehåller ingen information om klockavläsningen vid punkten B. Början av ficklampans ljusstråle, när den reflekteras av en klocka, B bär information om klockans avläsningar vid punkt B.

Vi kommer att se att det är denna skillnad, mellan ljuset från lasern och ljuset från ficklampan, som ändrar metoden för att synkronisera de två klockorna.

Ljuspulsens början är en händelse som inträffar vid en tidpunkt t_A. Observatören A bestämmer ögonblicket i tiden t_A genom sin klocka, som är belägen i omedelbar närhet av punkt A. Observatören vid punkt, A minns att händelsen "uppkomsten av ljuspulsens början" inträffade vid ett ögonblick t_A.

Ljusstrålen börjar röra sig mot observatören, som befinner

sig vid punkt B. Ljusstrålens ursprung ligger någonstans mellan punkt A och punkt B.
Se figur.12.

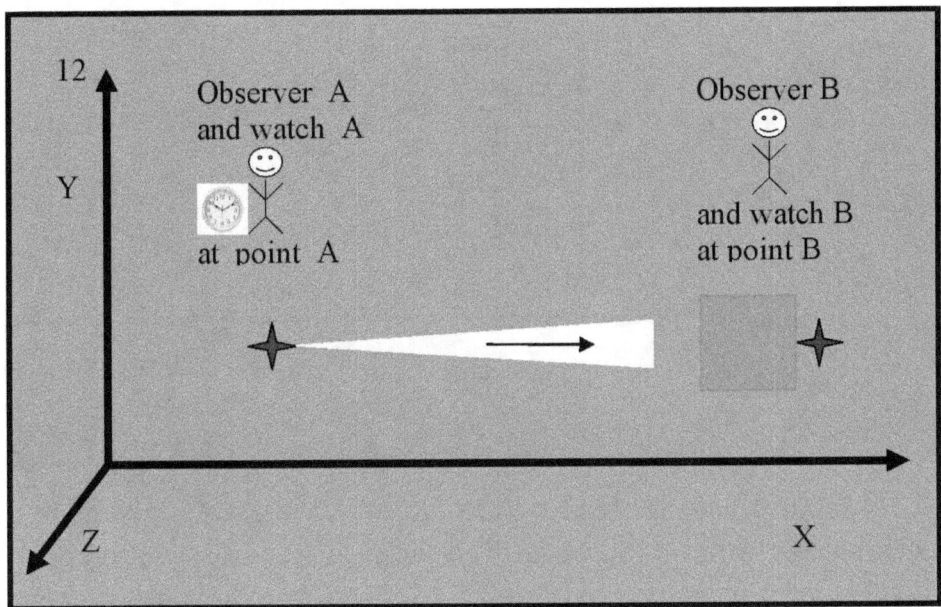

Figur 12 visar att observatören vid punkt , A inte kan observera rörelsen av ljusstrålens ursprung. Men observatören, som befinner sig vid punkten A, har information om att början av ljusstrålen rör sig mot observatören som befinner sig vid punkten B och att början av ljusstrålen kommer att reflekteras av klockans yta som ligger vid punkten B och att den kommer tillbaka vid punkten A.

Början av ljusstrålen anländer till punkt B, och lyser upp klockans framsida, som är placerad framför punkt B.
Se figur 13

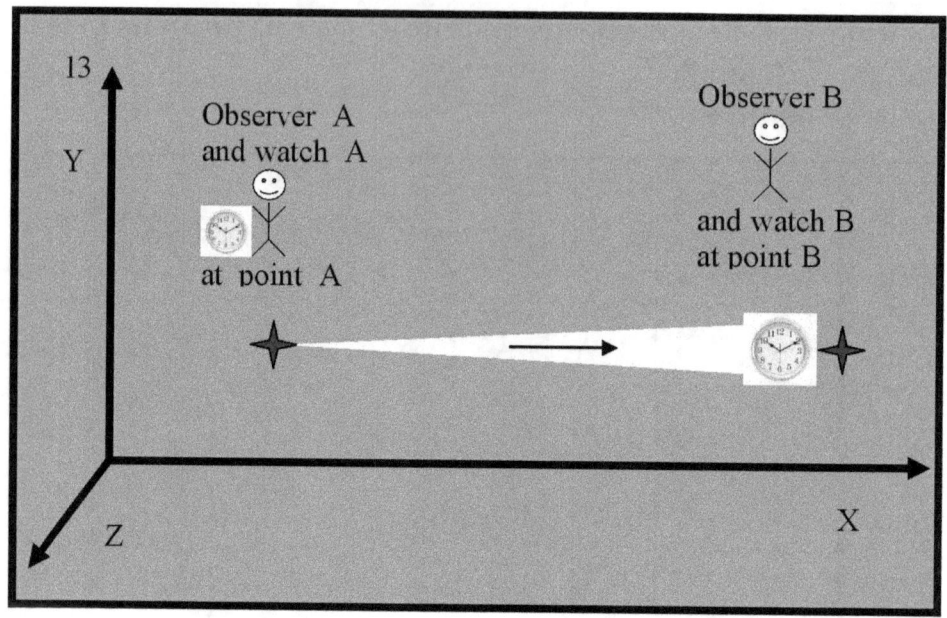

Figur 13 visar att när framkanten av ljusstrålen lyser upp urtavlan, kommer B observatören vid punkten B att se urtavlan B. Observatören som befinner sig vid en punkt B kommer att se placeringen av klockans visare B. Pilarna kommer att visa tidpunkten t_B.

Ljusstrålens ankomst till punkt B, belysningen av urtavlan och reflektionen av ljusstrålen från klockan är tre händelser som inträffar vid samma ögonblick t_B. Observatören B noterar vid ett tillfälle att dessa tre händelser, nämligen ankomst, belysning och reflektion, inträffar i samma ögonblick t_B. Observatören som befinner sig vid en punkt B kommer ihåg att ljusstrålens ankomst, belysning och reflektion inträffar vid ett ögonblick t_B.

Det är mycket viktigt att förstå och komma ihåg att när observatören som befinner sig vid en punkt B ser visarna på den upplysta klockan placerad vid en punkt B som indikerar ögonblicket t_B, i just det ögonblicket ser t_B observatören som befinner sig vid en punkt A inte visarna på klockan placerade vid en punkt B. Vakten A tittar på klockan B, men ser mörkret. Detta beror på att ljusstrålen som reflekteras av klockan B ännu

inte har kommit fram till observatören A.
Se figur 14 .

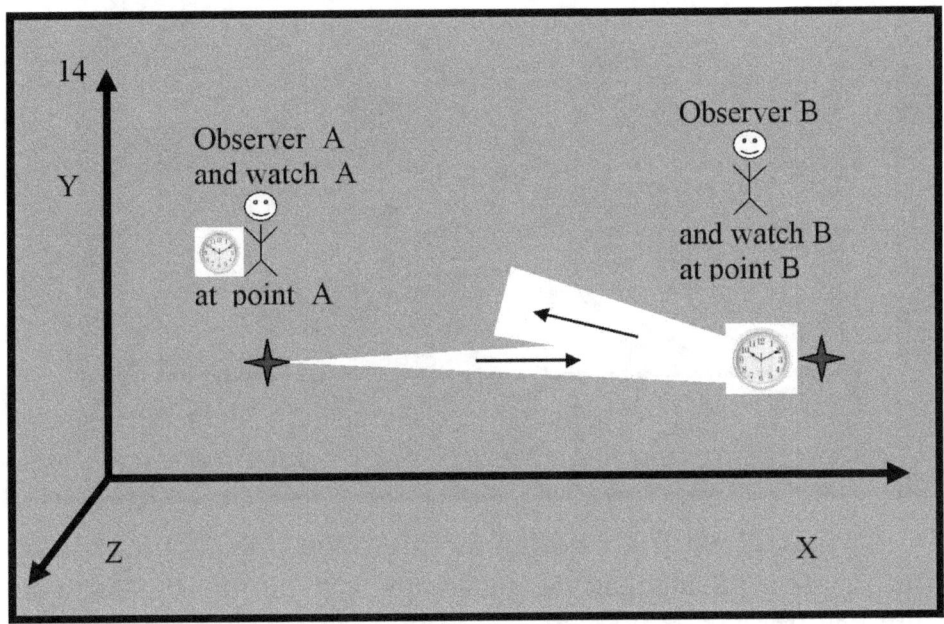

Figur 14 visar att ursprunget för ljusstrålen är någonstans mellan de två observatörerna.

När den reflekterade strålen kommer fram till en observatör A, först då kommer han att se klockans belysning vid punkt B.

Än en gång kommer jag att säga att reflektionen av ljusstrålen från klockratten vid punkt , B är en mycket viktig del av experimentet vi genomför. Reflexionen av en ljusstråle från en urtavla är fundamentalt annorlunda jämfört med reflektionen av en laserstråle från en spegel.

att början av ljusstrålen B efter reflektion från urtavlan bär ljusbilden av den upplysta urtavlan placerad vid punkten B.

Se figur 15.

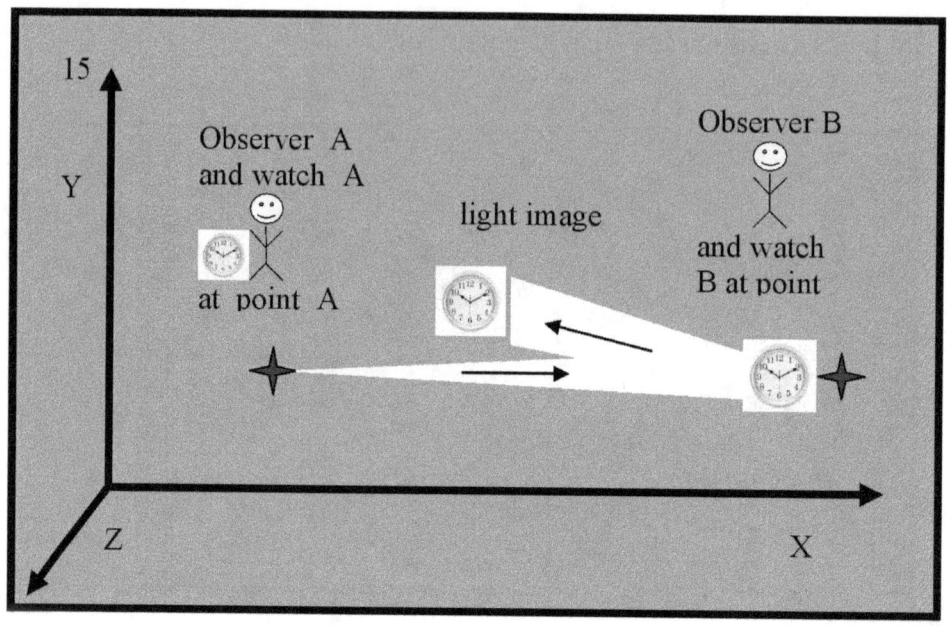

Figur 15 visar att början av ljusstrålen har "kommit ihåg" hur visarna på klockan är placerade vid punkt B. Detta är huvudskillnaden mellan de två tankeexperiment vi analyserar. I det första experimentet kom ljuspulsen från en laser som reflekterades från en spegel och som inte bar en ljusbild. Den reflekterade laserljuspulsen är en enkel ljusflamma.

Detta faktum är mycket viktigt, det är därför det bör förstås och komma ihåg att i det andra experimentet bär början av en ljusstråle *information* om placeringen av visarna på klockan som ligger vid punkten B. Detta är *information* om det kvantitativa, numeriska värdet av ett ögonblick t_B.

Ljuspulsen ligger någonstans mellan punkt A och punkt B. Observatören vid punkt A, och observatören vid punkt , B kan inte observera ljuspulsens rörelse, men de vet att pulsen rör sig från punkt B till punkt A och att den bär ljusbilden av den upplysta urtavlan som ligger vid punkt B.

Se figur 16.

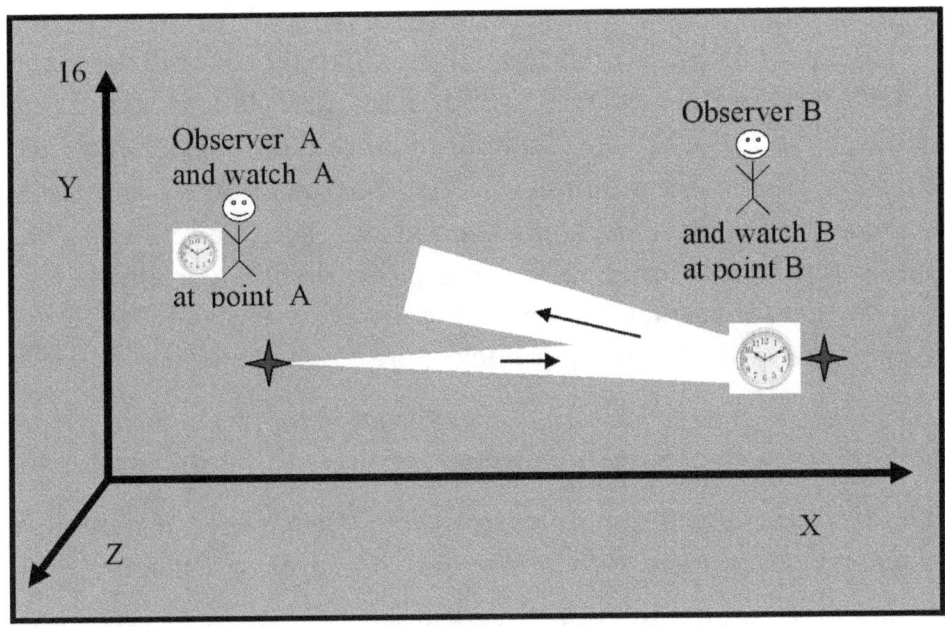

I figur 16 visas inte ljusbilden av den upplysta urtavlan vid punkten, B men observatörer och vi vet att den finns där.

Ljuspulsen kommer till punkten A.

Se bild 17.

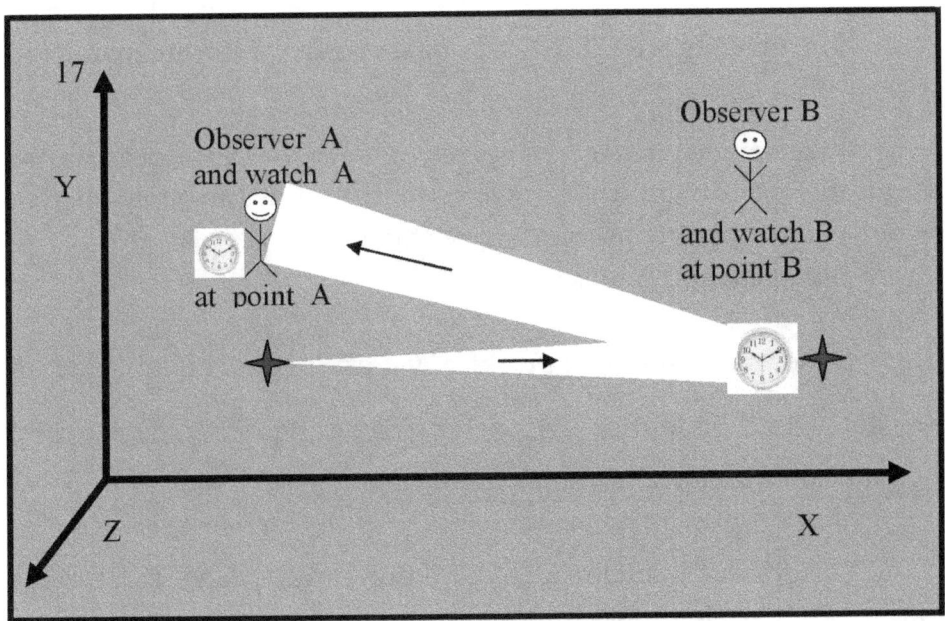

Figur 17 visar att när ljuspulsen anländer till en observatör, A kommer denne att se ljusbilden av urtavlan placerad vid punkten B. Början av ljuspulsen indikerar positionen för klockans visare vid punkten B. Visarnas position på en klocka B anger tidpunkten t_B. När observatören som befinner sig vid punkt A, ser positionen för visarna på en klocka, B kommer han att acceptera **information** om det kvantitativa värdet, vilket är det numeriska värdet för tidögonblicket t_B.

Detta händer just nu t'_A. Fläkten i punkt A noterar att ankomsten av ljuspulsen, och mottagningen av informationen, inträffar vid tidpunkten t'_A. Mätningen av tidpunkten t'_A räknas av klockans avläsningar, som är placerad vid punkt A. Observatören i punkt A kommer ihåg ögonblicket i tiden t'_A eftersom ögonblicket i tiden t'_A är nödvändigt för att kunna synkronisera de två klockorna.

Det vi sa är mycket viktigt. Det bör förstås och komma ihåg att:

Vid en tidpunkt får t'_A en observatör A tidsinformation t_B.

Tankeexperimentet att synkronisera de två klockorna är avslutat. Efter att ha utfört tankeexperimentet får observatören A och observatören B följande resultat:

Observatörsresultat B:
Först.

Observatören vid en punkt B vet att ljuspulsen anlände till punkt B, i ett ögonblick t_B, och reflekterades från spegeln i ett ögonblick, t_B registrerat av hans klocka.

Andra.

Observatören vid en punkt B känner inte till det numeriska värdet för det ögonblick t_A då ljuspulsen lämnade punkten, A

och han vet inte det numeriska värdet för det ögonblick t'_A då ljuspulsen kom tillbaka till punkten A. För att de två klockorna ska synkroniseras (enligt Albert Einstein) måste villkoret vara uppfyllt:

$$t_B - t_A = t'_A - t_B$$

För att kunna skriva det matematiska uttrycket måste observatören som befinner sig vid punkt, B känna t_B till de tre numeriska värdena för tidens ögonblick, t_A och t'_A.

En observatör känner inte till de tre B numeriska värdena för tidsögonblicken t_A och t'_A. t_B Därför kan en observatör B inte synkronisera de två klockorna.

Observatörsresultat A:

Observatören vid en punkt A känner till det numeriska värdet för den tid t_A då ljuspulsen lämnade punkten A.

Observatören vid en punkt A känner till det numeriska värdet för det ögonblick t_B då ljuspulsen anlände till punkten B.

Observatören vid en punkt A känner till det numeriska värdet för den tid t'_A då ljuspulsen kom tillbaka till punkten A.

Albert Einstein sa att för att de två klockorna ska kunna synkroniseras måste villkoret vara uppfyllt:

$$t_B - t_A = t'_A - t_B$$

En observatör känner till de tre A numeriska värdena för tidsögonblicken t_A och t'_A. t_B

Observatören A skriver ekvationen, löser den, och enligt Albert Einstein räcker det, och klockorna är synkroniserade. Experimentet vi genomför har avslutats framgångsrikt.

Är det verkligen så?

Svaret på denna fråga är: Nej!

Slutsatsen att experimentet slutfördes framgångsrikt är

inte sant. Vi ska nu visa att klockorna kanske inte är synkroniserade.

Enligt Albert Einsteins metod t_B måste tidens ögonblick, vara mitt i intervallet, mellan t_A och t'_A, och då synkroniseras klockorna. Låt oss påminna om experimentet med de specifika numren av tidens ögonblick:

Åtta till tio är klockan två och tio till tolv är klockan två. Tio är mitt i intervallet från åtta till tolv, och sedan synkroniseras klockorna. För Albert Einstein är detta det viktigaste.

Men vi hävdar att:

Tio kan **vara** i mitten av intervallet, och klockorna **kan är inte** synkroniserade.

Och det:

Tio kanske **inte är** i mitten av intervallet, och klockorna **är** synkroniserade.

Vad är detta mysterium, och hur är detta möjligt?!

Det är möjligt eftersom vi glömde ett mycket viktigt faktum:

Vid en tidpunkt får t'_A **en observatör** A **information om tidpunkten** t_B **från** en annan klocka.

Att få **tidsinformation** från en annan klocka ändrar hela synkroniseringsmetoden. t_B

Vi kommer att skriva det numeriska exemplet en gång till.

Ljuspulsen börjar klockan åtta, **enligt båda klockorna**, anländer klockan tio, **enligt båda klockorna**, och återkommer klockan tolv, **enligt båda klockorna**.

Det viktigaste är koncentrerat i termen " **enligt de två klockorna** ."

Detta innebär att en observatör, A eller en observatör B, måste **se ett sammanträffande av händelser**. Det är tre matcher.

Första matchen:

Händelsens sammanträffande, inträffade vid tidpunkten

klockan åtta enligt, A med händelsen, inträffade vid tidpunkten klockan åtta enligt B.

Andra matchen:
Händelsens sammanträffande, som inträffar vid ett ögonblick klockan tio enligt, A med händelsen, som inträffar vid ett ögonblick klockan tio enligt B.

Tredje matchen:
Händelsens sammanträffande, som inträffar vid en tidpunkt klockan tolv enligt A, med händelsen som inträffar vid en tidpunkt klockan tolv enligt B.

Om en observatör, A eller iakttagare B, inte kan se de tre sammanträffande händelserna, kan inte klockorna synkroniseras.

Vi hävdar att:

När en observatör A, eller en observatör, B får **information** om inträffandet av en händelse, då kan observatören inte observera **sammanträffandet** av att denna händelse inträffade med förekomsten av en annan händelse.

Tillfällighet att inträffa är endast möjlig och endast med **"direkt" övervakning**. En mycket viktig fråga uppstår här: vad betyder **direkt observation**? Einstein ställde inte denna fråga och analyserade inte fenomenet **"direkt observation"**. Analys är nödvändigt, särskilt när det kommer till vetenskapen om kvantmekanik, där tidens ögonblick ligger mycket nära varandra, och tidsintervallen är mycket små.

Kort sagt, observatören kan inte synkronisera de två klockorna.

Nu ska vi återigen genomföra experimentet, försiktigt, utan brådska, och göra en detaljerad analys.

För att göra det tydligt, se figur 18.

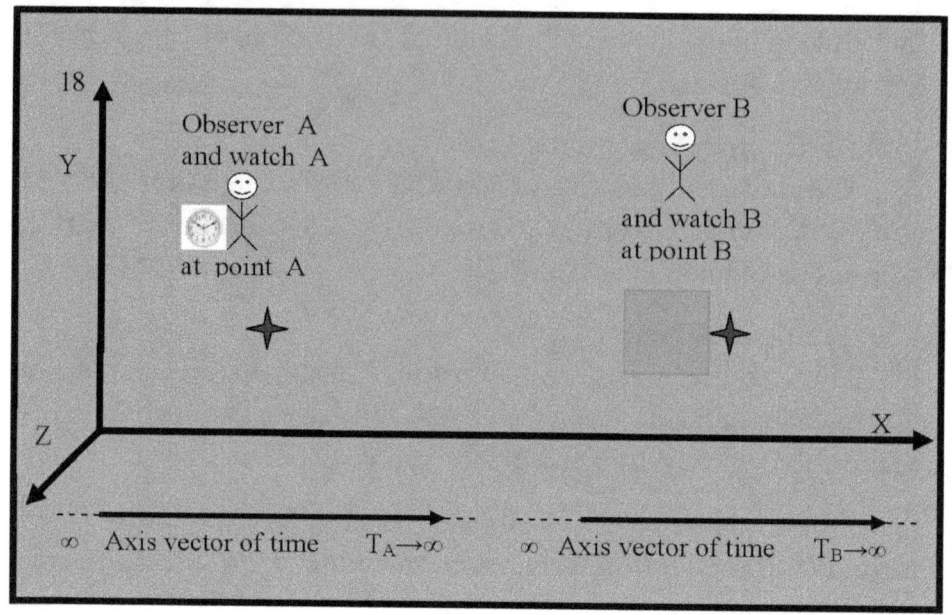

I figur 18 visas en observatör A som ser en klocka A men inte ser en klocka B eftersom klockan B inte är upplyst. En observatör B placerad vid punkt B, som inte ser en klocka B eftersom klockan B inte är upplyst.

Två vektorer visas längst ner i figuren. Dessa är koordinataxlar för tiden. Den vänstra tidsaxeln som visas enligt figuren visar hur klocktiden ändras, A den högra visar hur klocktiden B ändras. Tidens två axlar började sin början, i det oändliga avläget förflutna, och kommer att fortsätta att växa, i en oändligt avlägsen framtid. De två tidsaxlarna är oberoende av varandra eftersom de är från två oberoende klockor, klocka A och klocka B. På axlarna kommer vi att markera tidsögonblicken för klocka A och klocka B.

På detta sätt kommer vi att jämföra ögonblicken mellan observatör A och observatör B. Vi kommer att kunna förstå vilket ögonblick i tiden en observatör ser A när en observatör B tittar på sin klocka, och omvänt vilket ögonblick en observatör ser B när en observatör A ser sin klocka.

En observatör A skickar en ljusstråle till en observatör B.

Ljusstrålens källa kommer från en ficklampa, som är riktad mot klockan placerad vid punkt B.

Uppkomsten av början av ljusstrålen är en händelse som händer vid en tidpunkt t_A. Observatören A bestämmer tidpunkten t_A med hjälp av sin klocka, som är placerad i närheten av punkten A.

Det numeriska värdet för tidögonblicket t_A visas på koordinataxeln på tidsvektorn för en klocka A. Observatören vid en punkt A kommer ihåg att händelsen "uppkomsten av ljuspulsens början" inträffade vid en tidpunkt t_A.

Se figur 19.

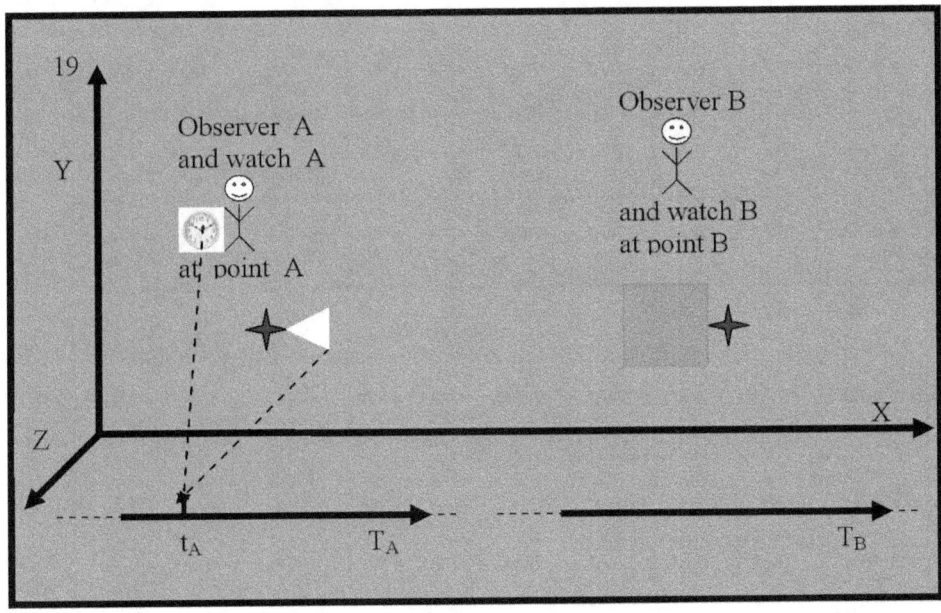

I figur 19 är två streckade pilar synliga, som pekar på tidens ögonblick t_A. Den första pilen är från klockan A till aktuell tid t_A. Det här är klockavläsningen A. Den andra pilen börjar från början av ljusstrålen och slutar vid t_A och indikerar att början av ljusstrålen dök upp vid tidpunkten t_A.

När en observatörs klocka A visar tid t_A, kommer

observatörens klocka B att visa en egen tid, vilket vi betecknar med symbolen t_{BA}.
Se bild 20

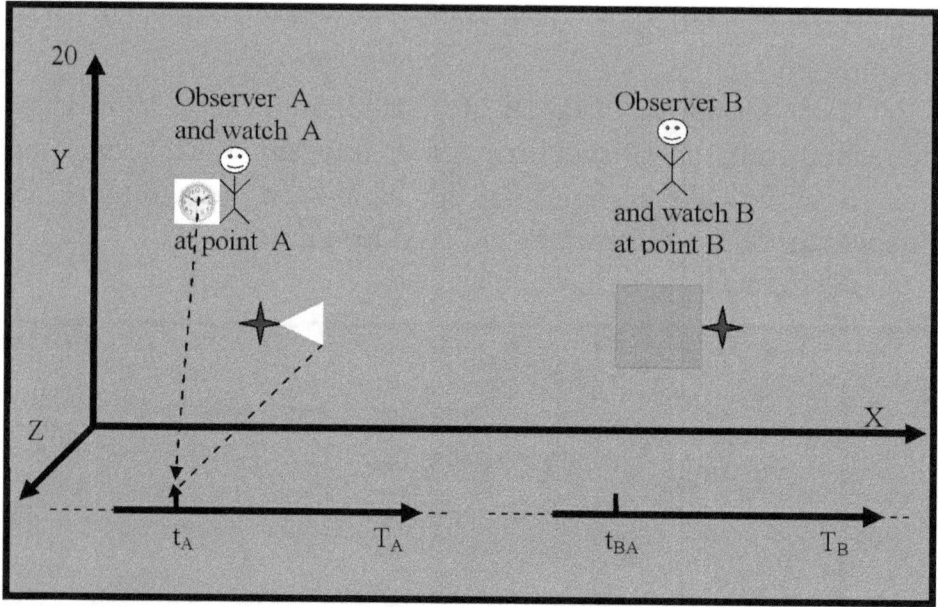

Figur 20 visar tidpunkten t_{BA}, som är på vektorn T_B för klockan B. Om vi antar att klockan B och klockan A mäter och visar samma tid, då är tidens ögonblick t_A måste vara lika med tidens ögonblick t_{BA}.

Två frågor uppstår.
Den första frågan är:
Kan en observatör A veta att det ögonblick av tid t_A som mäts av hans klocka A är lika med det ögonblick av tid t_{BA} som mäts av en klocka B?

Svaret är nej. Detta beror på att en observatör A tittar på klockan, B men det är mörkt där. Det är mörkt eftersom urtavlan B inte är upplyst av ljusstrålen. När ljusstrålen anländer till en klocka B och reflekteras från urtavlan på en klocka B och återvänder till en observatör, A först då kommer observatören A att se tidpunkten t_{BA} på klockan B. När en observatör A ser ögonblick t_{BA} av klocktid B kommer han att titta på sin klocka och jämföra t_{BA} klocktiden B med sin klocka A. Hans klocka A kommer att visa en annan tid som inte är lika med den aktuella tiden t_{BA}. Detta beror på att ljus färdas med en hastighet av trehundratusen kilometer per sekund, och det färdas avståndet från punkt B till punkt A i ett realtidsintervall. Detta verkliga intervall är en fördröjning som visar klockan A.

Observatör A, kan inte observera förekomsten av de två händelserna, kan inte observera förekomsten av tidens ögonblick, kan inte jämföra de två ögonblicken av tiden t_A och t_{BA}, kan inte observera ett sammanträffande av händelser som inträffar, och kan inte otvetydigt säga att han, observatören, på detta sätt synkroniserar de två klockorna.

Den andra frågan är:

Kan en observatör B veta att det t_A är lika med t_{BA}?

Svaret är nej. Detta är omöjligt eftersom en observatör B ser klockan för en observatör A som är svagt upplyst, men inte ser händelsen som "avgår ljusstrålen" från punkt, A eftersom början av ljusstrålen fortfarande är någonstans mellan punkt A och punkt B.

Början av ljusstrålen och klockavläsningen, A för ögonblicket t t_A, rör sig tillsammans.

Se figur 21.

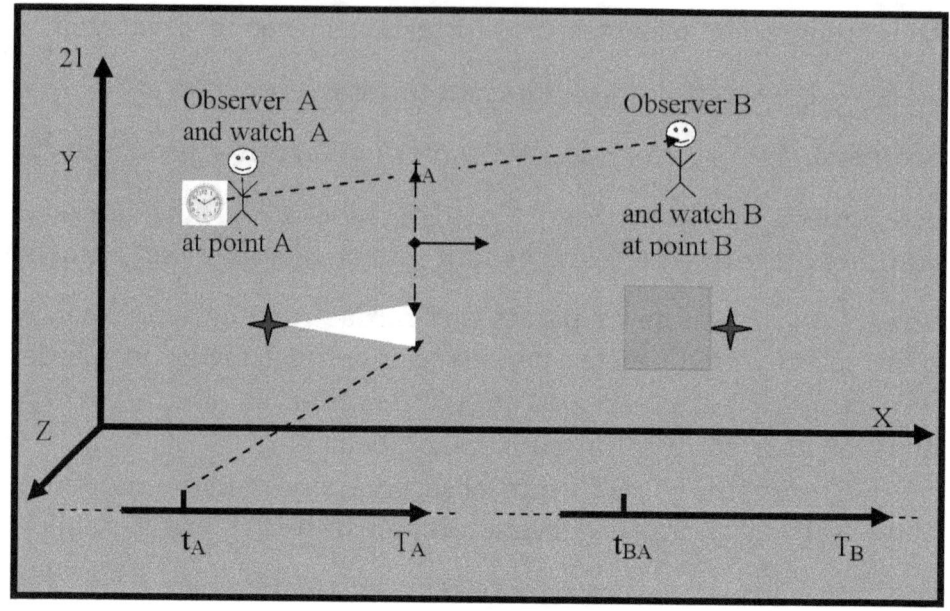

Figur 21 visar att ljusbilden av klockan A rör sig på den streckade pilen som förbinder klockan A med observatören B.

En observatör B kommer att se händelsen "light beam departure" endast när början av ljusstrålen anländer till en observatör B och lyser upp en urtavla B.

Det viktiga är att en observatör B inte kan se sammanträffandet av händelsen "tidsögonblick t_A på klockan A" med händelsen "tidsögonblick t_{BA} på klockan B".

Observatören B kan inte avgöra om det t_A är lika med t_{BA}, och kan inte bestämma tidpunkten t_{BA}.

Tidsögonblicket t_{BA} kan inte bestämmas av de två observatörerna. Därför, i följande figurer, visas inte tidpunkten t_{BA} på klocktidsvektorn B.

I detta skede av experimentet kan observatörerna inte synkronisera de två klockorna.

Ljuspulsen fortsätter att röra sig mot observatören som befinner sig vid punkten B.

Se figur 22.

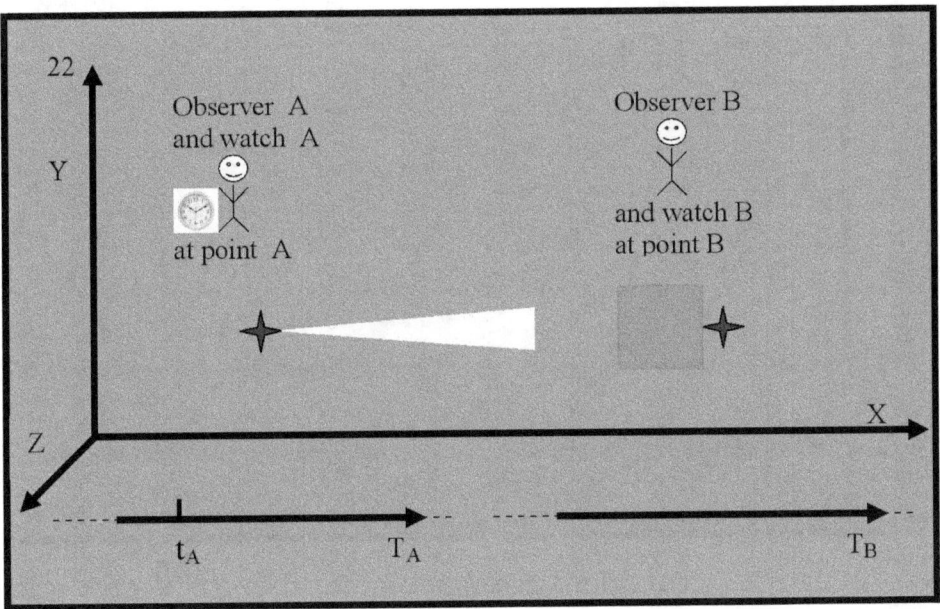

Figur 22 visar att ursprunget för ljuspulsen ligger någonstans mellan punkt A och punkt B. En observatör A, och en observatör B, kan inte observera rörelsen i början av ljuspulsen. Men en observatör B och en observatör A vet att ursprunget för ljuspulsen rör sig mot punkt B. De har **information** om att strålen rör sig.

Början av ljusstrålen kommer till en punkt B och lyser upp urtavlan B. Observatören vid punkt B, tittar på den upplysta urtavlan och ser att, enligt hans klocka, är det numeriska värdet för ögonblicket t_B.

Se bild 23.

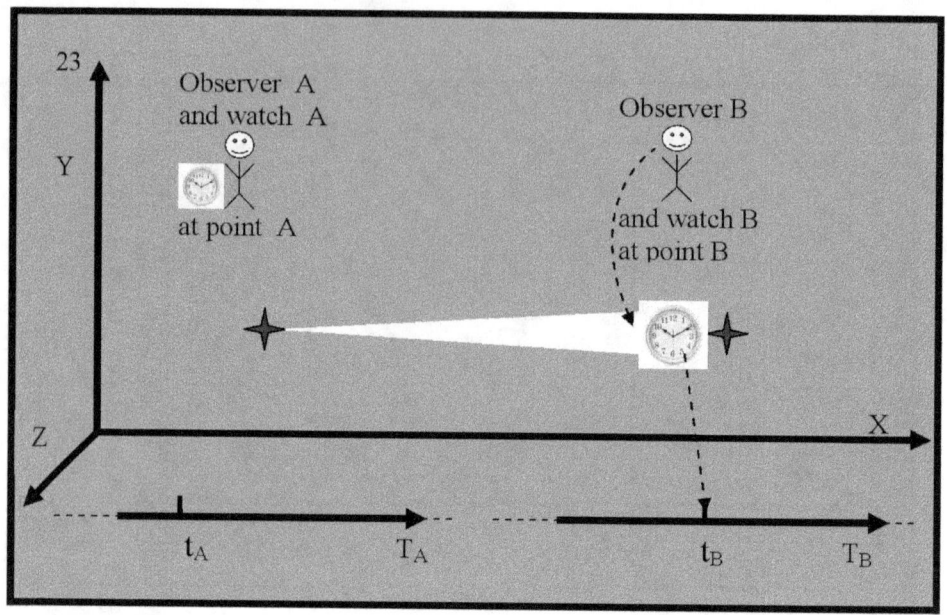

I figur 23 visas tidens ögonblick t_B på tidsaxeln för en klocka B.

När en observatör B, se visarna på en klocka B, som indikerar tidens ögonblick t_B, visarna på en observatörs klocka, A kommer att indikera ett ögonblick av tiden t_{AB}.

Se figur 24.

EINSTEINS FÖRSTA MISSTAG

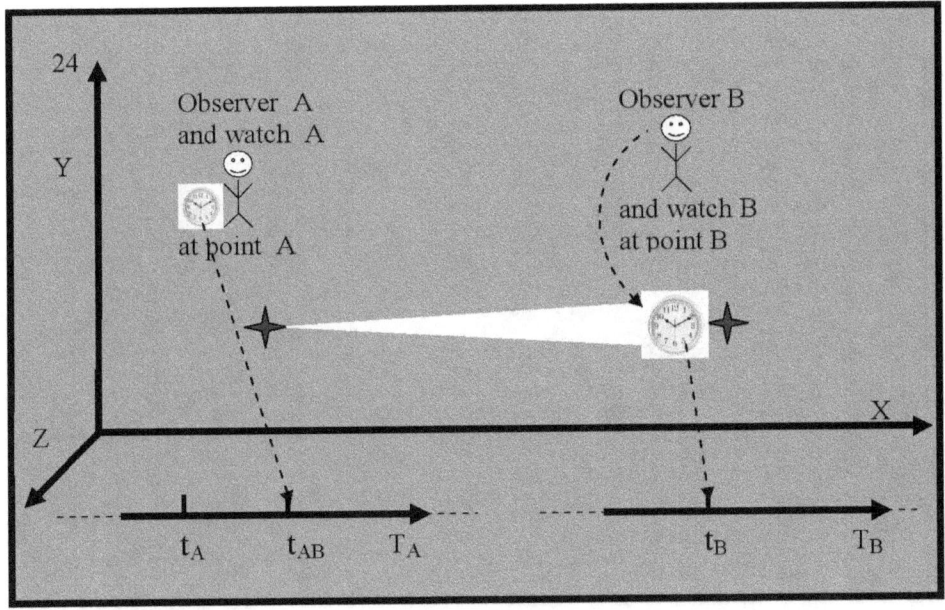

I figur 24 indikerar en streckad pil tidpunkten t_{AB} vid klockan A.

Om vi antar att klocka B och klocka A, mäter och visar samma tid, t_B måste tidens ögonblick vara lika med tidens ögonblick t_{AB}.

Två frågor uppstår.

Den första frågan är:

Kan en observatör B förstå att, t_B är lika med t_{AB} och se ett sammanträffande av händelsen "som inträffar vid ett ögonblick i tiden t_B" med händelsen "som inträffar i ett ögonblick i tiden" t_{AB}?

Svaret är nej. En observatör B kan inte se avläsningarna av visarna på en observatörs klocka A som indikerar ett ögonblick i tiden t_{AB}.

Se figur 25

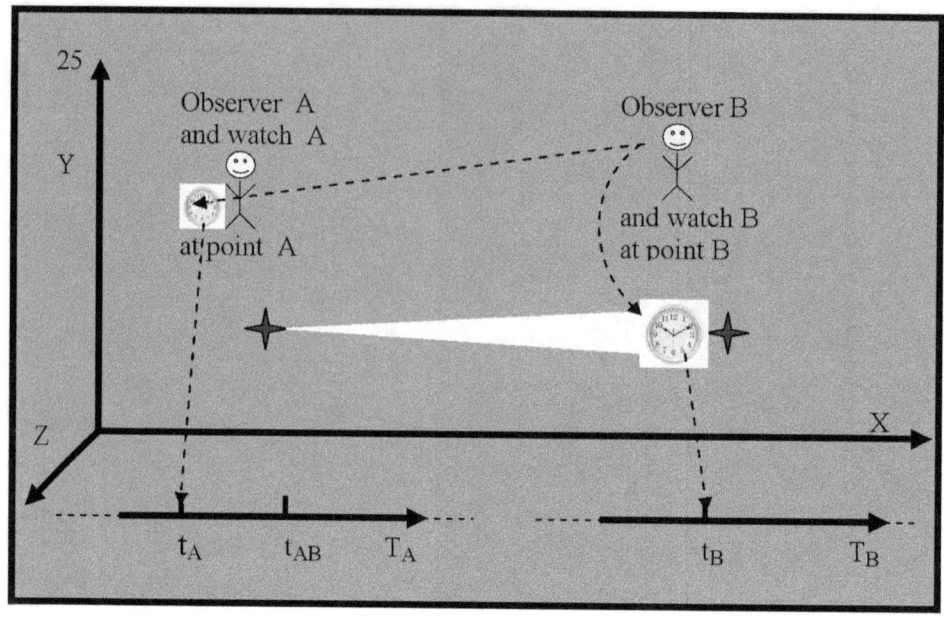

Figur 25 visar att en observatör B kommer att se avläsningarna av visarna på en klocka, A vilket kommer att indikera ett ögonblick i tiden t_A. Detta beror på att när en observatör B tittar på en observatörs klocka, A kommer han att se ljusbilden av en klocka A. Vi har redan förklarat att det är ljus som reflekteras från framsidan av en klocka A och bär information om avläsningar av visarna på en klocka A. Ljusbilden av en klocka A rör sig tillsammans med början av ljuspulsen. Början av pulsen och bilden kommer att anlända till en punkt B tillsammans, och detta kommer att ske i ett ögonblick av tid t_B mätt av en klocka B.

Kort sagt, när ljuspulsen lyser upp en klocka B, kommer en observatör B att se på sin klocka B, ett ögonblick i tiden t_B, och kommer att se på en klocka A, ett ögonblick i tiden t_A. Vid denna tidpunkt i vårt experiment kan observatören B inte bevisa att klockorna är synkroniserade.

Den andra frågan är:

Kan en observatör A veta att det ögonblick av tid t_{AB} som mäts av hans klocka A är lika med det ögonblick av tid t_B som mäts av en klocka B?

Svaret är nej. Detta beror på att en observatör A tittar på klockan, B men det är mörkt där. Det är mörkt eftersom den reflekterade ljusstrålen ännu inte har nått en observatör A. Titta på figur 23. När ljusstrålen återvänder till observatören, A först då A kommer observatören att se tidpunkten t_B på klockan B. När en observatör A ser tidens ögonblick t_B på en klocka B, kommer han att se till sitt eget klocka och kommer att jämföra tiden t_B på klockan B, med tiden på sin egen klocka A. En observatörs klocka A kommer att visa ett ögonblick av tid t'_A som inte är lika med ögonblicket av tid t_B och som inte är lika med ögonblicket av tid t_{AB}. En observatör A kan inte se överensstämmelsen mellan klocktidshändelsen t_B och B klocktidshändelsen t_{AB}. A Detta beror på att ljus färdas med en hastighet av trehundratusen kilometer per sekund, och färdas avståndet från punkt B till punkt A i ett realtidsintervall. Detta verkliga intervall är en fördröjning som klockan A räknar.

En observatör A kan inte bestämma tiden t_{AB} och kan inte synkronisera de två klockorna.

I detta skede av experimentet A kan observatörerna B inte synkronisera de två klockorna

Början av ljusstrålen reflekteras av en klocka B och börjar röra sig mot en observatör A.

Se figur 26.

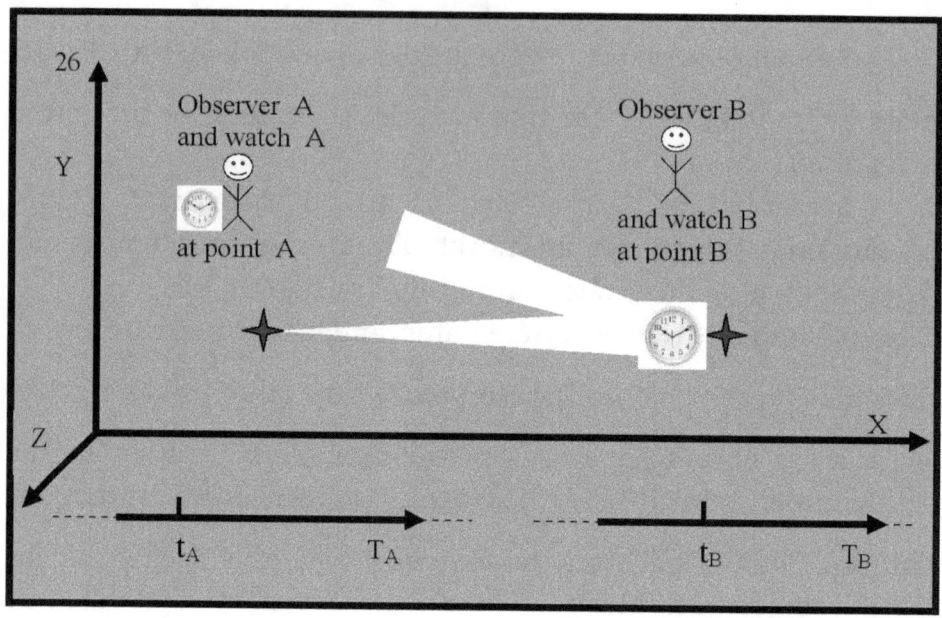

I figur 26 kan det ses att tiden A inte visas på tidsaxeln för en klocka t_{AB}, eftersom den inte är definierad.

Början av ljusstrålen bär information om avläsningarna av visarna på en klocka B.

Början av ljusstrålen kommer till en observatör A,
Se figur 27.

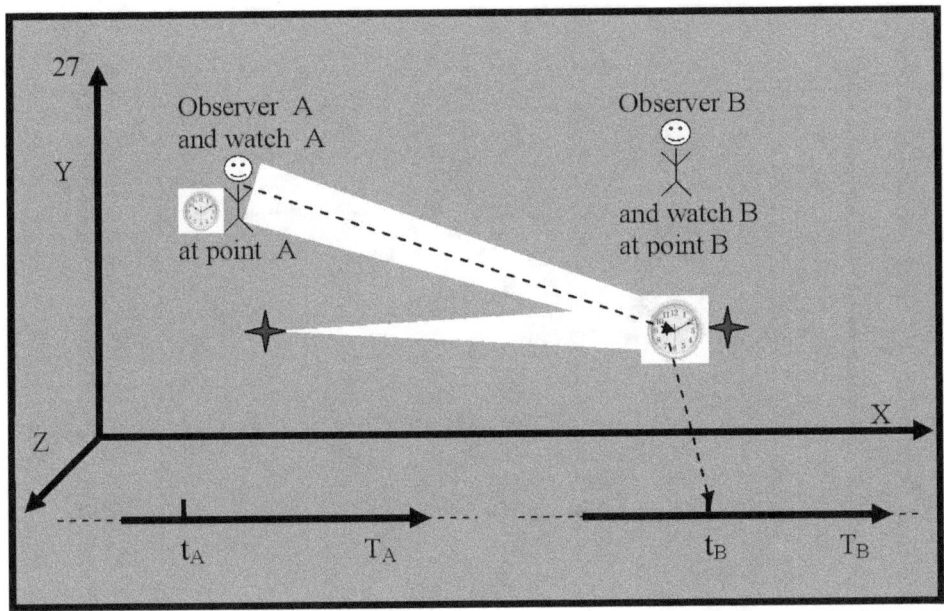

Figur 27 visar att en observatör A ser ljusbilden av en urtavla B och avläsningarna av visarna på en klocka B som indikerar ett ögonblick i tiden t_B.

observatör A som tittar på sin klocka ser att detta händer vid ett ögonblick i tiden t'_A.

Se figur 28.

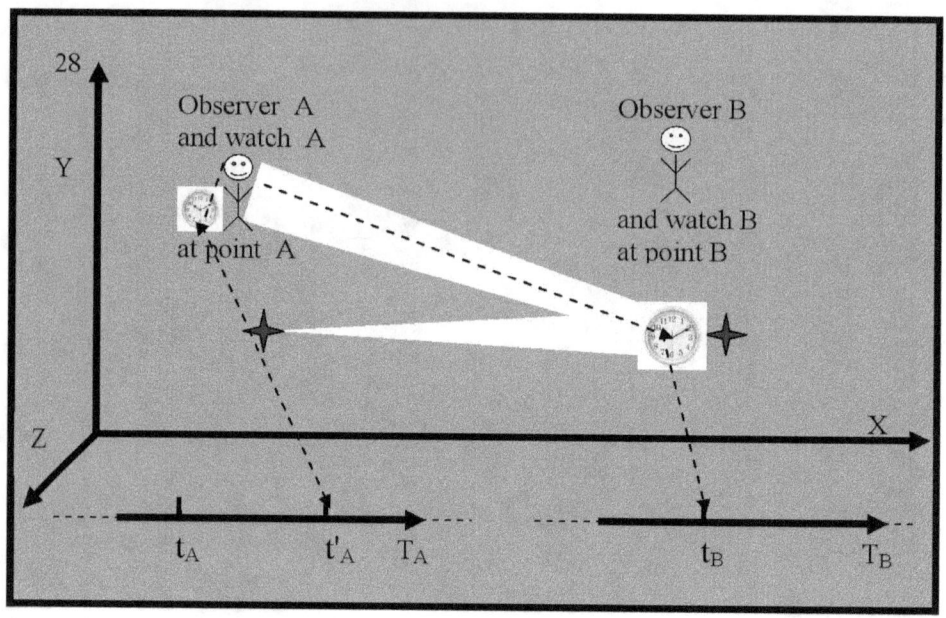

När en observatör A ser avläsningarna av visarna på sin klocka A som indikerar en tidpunkt, kommer t'_A visarna på en klocka B att peka på någon tidpunkt t_{BA}.
Se figur 29.

EINSTEINS FÖRSTA MISSTAG

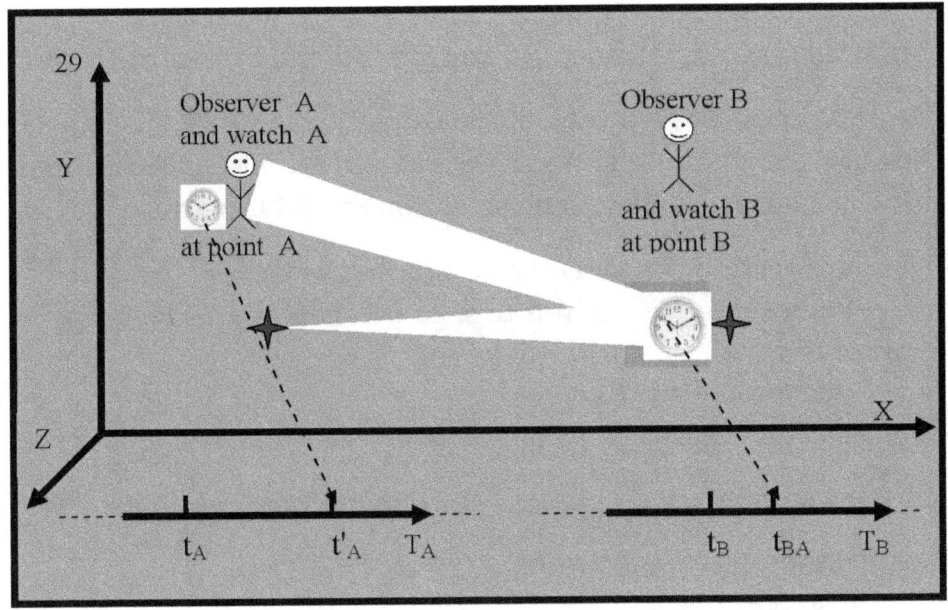

Figur 29 visar vad en observatör ser A enligt sin klocka och vad en observatör ser B enligt sin klocka.

Om vi antar att klockorna fungerar synkront måste tidsögonblicket t_{BA} vara lika med tidsögonblicket t'_A.

Två frågor uppstår.

Den första frågan är:

Kan en observatör A veta att det ögonblick av tid t'_A som mäts av hans klocka A är lika med det ögonblick av tid t_{BA} som mäts av klockan B?

Svaret är nej.

Detta beror på att en observatör A tittar på en klocka B, men där ser han ett ögonblick i tiden, t_B genom vilken tid en observatör A bestämmer tiden t'_A. Ljusbilden av avläsningarna av visarna på en klocka B, som visar ögonblicket i tiden, t_{BA} är vid en klocka B.

När ljusbilden av avläsningarna av visarna på en klocka, B

som indikerar tidpunkten, t_{BA} återförs till en observatör, A först då A kommer observatören att se tidpunkten t_{BA} på klockan B. Men när detta händer kommer klockan A att visa en helt annan tid. Observatör A, kan inte se **sammanträffande av händelse** ögonblick i tid t'_A, med händelse ögonblick i tid t_{BA}.

En observatör A kan inte säga och bevisa att klockorna är synkroniserade.

Den andra frågan är:

Kan en observatör på något sätt B veta att det ögonblick av tid t_{BA} som mäts av en klocka B är lika med det ögonblick av tid t'_A som mäts av en klocka A?

Svaret är nej.

Detta beror på att en observatör B tittar på klockan A och kommer att se klockans visare, A vilket kommer att indikera någon tid t_{AB} som skiljer sig från tiden t'_A. Det numeriska värdet för tidens ögonblick t_{AB} kommer att ligga någonstans mellan tidens ögonblick t_A och tidens ögonblick t'_A.

Se figur 30.

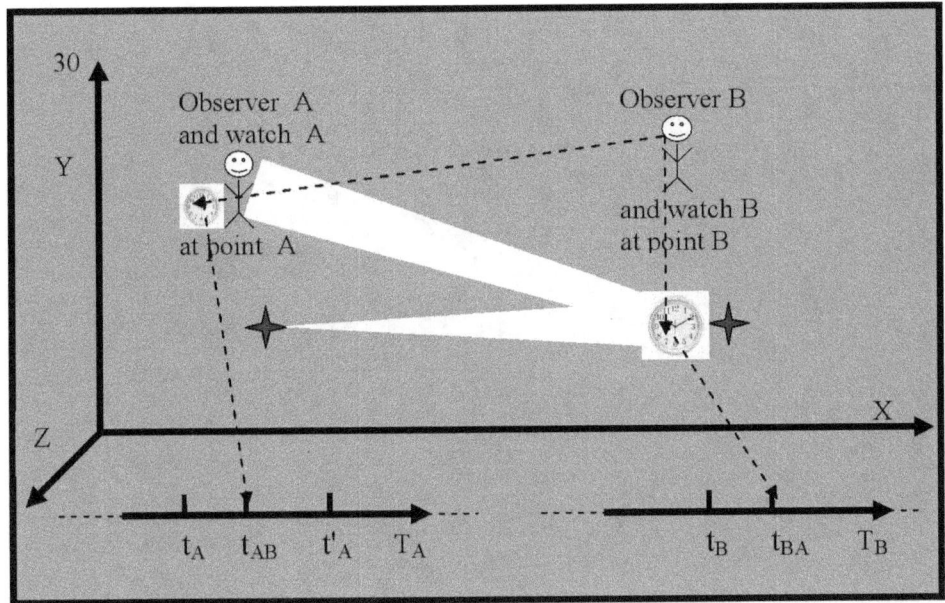

Figur 30 visar vad en observatör skulle se B. På en klocka A kommer han att se ett ögonblick i tiden, t_{AB} på en klocka B kommer han att se ett ögonblick i tiden t_{BA}. Ögonblicket i tiden t_{AB} är annorlunda än ögonblicket i tiden t_{BA}.

Vi genomförde det andra experimentet, som vi utförde i mörker. I detalj och i detalj analyserade vi ljusstrålens rörelse, och förstod hur tidens ögonblick räknas på de två klockorna. Vi kommer att sammanfatta resultaten.

Se figur 31.

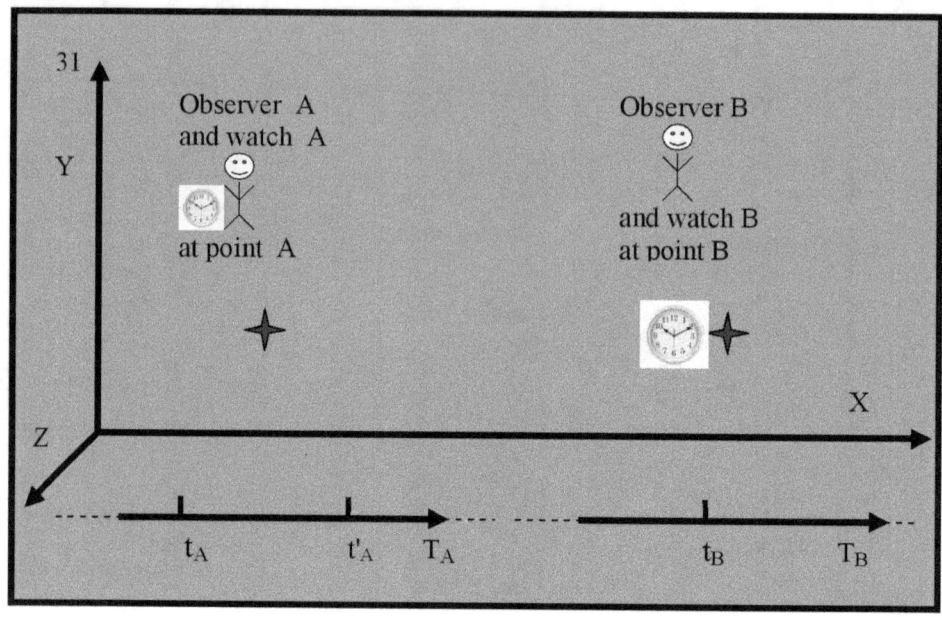

I figur 31 visas vilka ögonblick av tid en observatör såg A genom sin klocka och vilka ögonblick en observatör såg B genom sin klocka.

En observatör B såg på sin klocka ett ögonblick i tiden t_B när ansiktet på en klocka var upplyst B.

observatör A såg på sin klocka ett ögonblick av tid t_A - utseendet av ljusstrålen, ett ögonblick av tiden - återkomsten t'_A av ljusstrålen och tidens ögonblick, t_B från en klocka B.

Vi kommer att visa detta faktum i nästa figur, och vi kommer att analysera "ljus".
Se figur 32.

EINSTEINS FÖRSTA MISSTAG

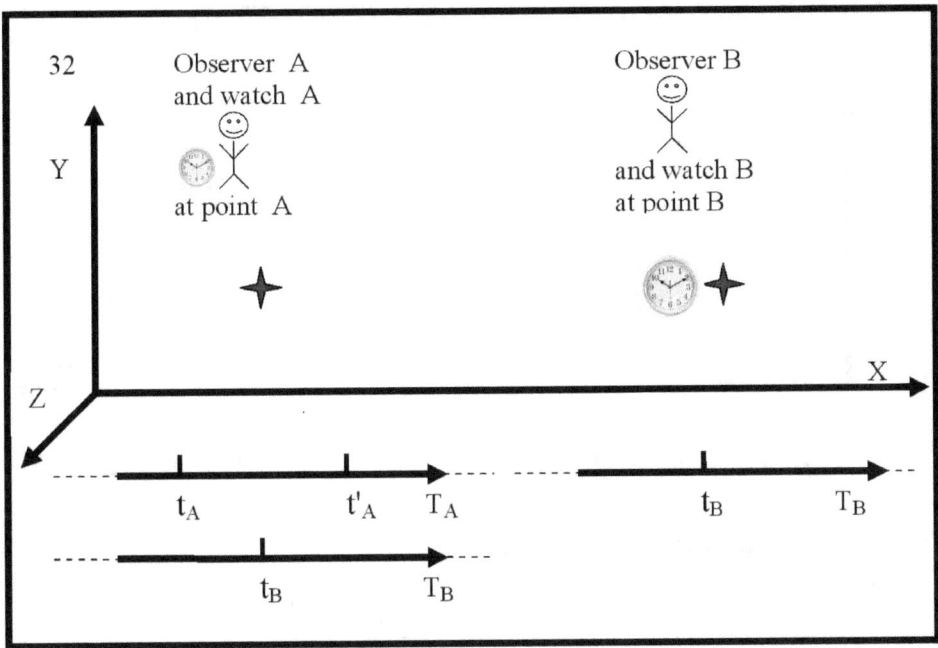

I figur 32 kan man se att nedanför en observatör B visas en tidsvektor med ett tidsögonblick t_B sedd av en observatör B.

Nedanför observatören A visas två tidsvektorer och de tidpunkter som observatören har sett A. Den andra vektorn är den för en observatör B. På så sätt kan de två vektorerna, och momenten på dem, jämföras.

Ett tidsögonblick t_B som är på en vektor T_B kan inte placeras på tidsvektorn t_A. Detta beror på att de två vektorerna kommer från två olika klockor och är oberoende. Detta är mycket viktigt och bör komma ihåg. I fysikböcker visar de en vektor av tid, och på den vektorn visar de tiden för många olika klockor. Det är ett misstag. Varje enskild klocka måste ha sin egen tidsvektor. På så sätt blir tidsanalyserna sanna och tydliga.

När klockor fungerar synkront måste de visa samma ögonblick av tid.

Se figur 33.

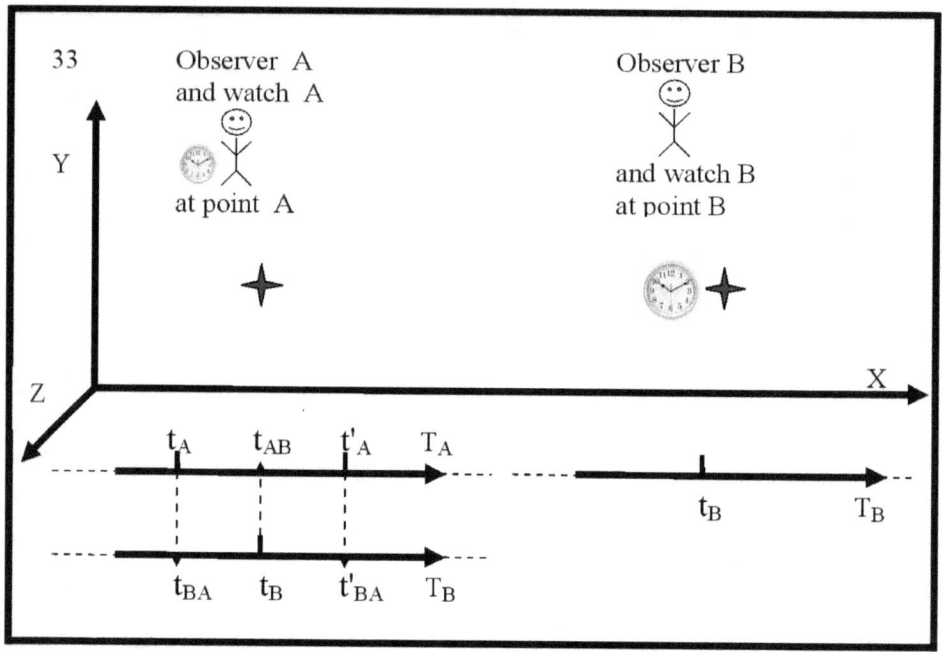

Figur 33 visar det mellan de två tidsvektorerna T_A och T_B streckade pilar infogas. Pilarna visar förhållandet mellan de olika tidpunkterna på de två klockorna.

När en klocka A visar ett ögonblick i tiden t_A, visar en klocka B ett ögonblick i tiden t_{BA}.

Titta på bild 33.

Det numeriska värdet för ett ögonblick t_A måste vara lika med det numeriska värdet för ett ögonblick t_{BA}. Denna jämlikhet är **det första nödvändiga villkoret** för att bevisa att klockorna är synkroniserade. Det betyder att en observatör A måste ha sett sammanträffandet av dessa två händelser. Sammanfall av händelsens ögonblick i tiden t_A med händelsens ögonblick i tiden t_{BA}. I analysen vi gjorde visade och bevisade vi att en observatör A inte kan se, och inte kan bevisa, sammanträffandet av dessa två händelser. En observatör A kan inte uppfylla **det första** nödvändiga villkoret och kan inte bevisa att klockorna är synkroniserade.

När en klocka B visar ett ögonblick i tiden t_B, visar en klocka A ett ögonblick i tiden t_{AB}.
Titta på bild 33.

Det numeriska värdet för ett ögonblick t_B måste vara lika med det numeriska värdet för ett ögonblick t_{AB}. Denna jämlikhet är **det andra nödvändiga villkoret** för att bevisa att klockorna är synkroniserade. Detta innebär att en observatör B måste se sammanträffandet av händelsens ögonblick i tid t_B med händelsens ögonblick i tiden t_{AB}. I analysen vi gjorde visade och bevisade vi att en observatör B inte kan se, och inte kan bevisa, sammanträffandet av dessa två händelser. En observatör B kan inte uppfylla det **andra** nödvändiga villkoret och kan inte bevisa att klockorna är synkroniserade.

När en klocka A visar ett ögonblick i tiden t'_A, visar en klocka B ett ögonblick i tiden t'_{BA}.
Titta på bild 33.

Det numeriska värdet för ett ögonblick t'_A måste vara lika med det numeriska värdet för ett ögonblick t'_{BA}. Denna jämlikhet är **det tredje nödvändiga villkoret** för att bevisa att klockorna är synkroniserade. Det betyder att en observatör A måste ha sett sammanträffandet av dessa två händelser. Sammanträffande av händelsen i ögonblicket t'_A med händelsen i ögonblicket t'_{BA}. I analysen vi gjorde visade och bevisade vi att en observatör A inte kan se, och inte kan bevisa, sammanträffandet av dessa två händelser. En observatör A kan inte uppfylla **det tredje** nödvändiga villkoret och kan inte bevisa att klockorna är synkroniserade.

Vår analys visade att en observatör A och en observatör B inte kan uppfylla de tre villkoren och inte kan synkronisera sina klockor.

Nu kan några av läsarna invända att vi har infört tre nya villkor för synkron drift, medan enligt Albert Einstein, för att synkronisera klockorna, bara ett villkor behöver vara uppfyllt, nämligen:

$$t_B - t_A = t'_A - t_B$$

Ja det är det.

Enligt Albert Einsteins metod, om likheten är sann, t_B är, i mitten av intervallet mellan t_A och t'_A, därför är klockorna synkroniserade.

Nu genom några siffror kommer vi att visa två mycket viktiga saker:

Först.

Vi kommer att visa att tidsögonblicket t_B kan **vara** mitt i intervallet mellan t_A och t_B, och ändå kommer klockorna **inte att** synkroniseras.

Andra.

Vi kommer att visa att tidsögonblicket t_B kanske **inte är** mitt i intervallet mellan t_A och fortfarande t'_A **har** klockorna synkroniserade.

När vi ser dessa två saker kommer vi att veta att Albert Einsteins metod är felaktig.

Först kommer vi att visa synkront löpande klockor.

Se bild 34.

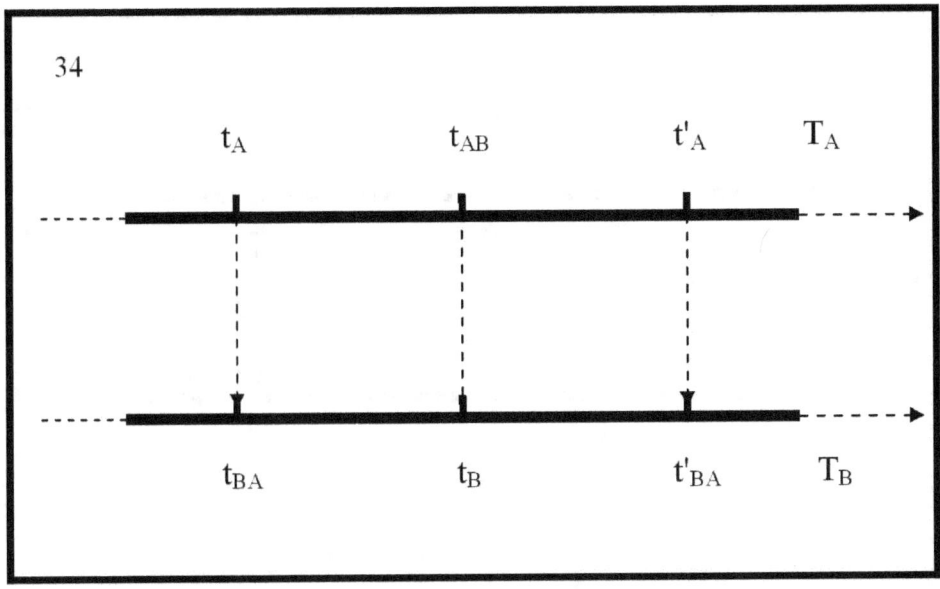

34

I figur 34 visas klocktidsvektorn A a som är T_A, och klocktidsvektorn a B som är T_B.

Tidsmomenten för klockan A och klockan B sammanfaller. Time t_B instant, är lika med time instant t_{AB}, och t_B är mitt i intervallet mellan t_A och t'_A. Alla villkor för synkron drift av klockorna är uppfyllda. Klockorna fungerar synkront.

I nästa figur visas återigen tidsvektorerna och tidsögonblicken för de två klockorna.

Se figur 35.

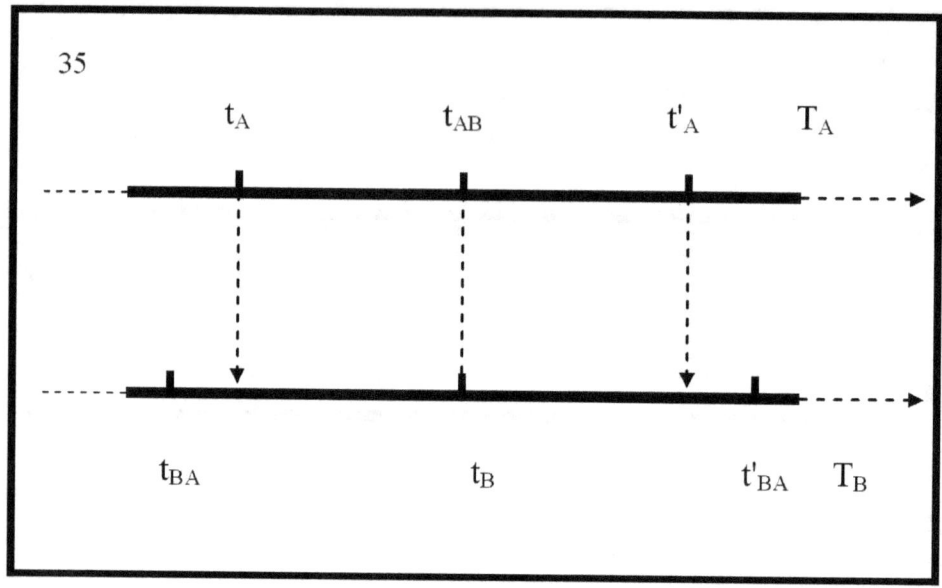

I figur 35 kan man se att tidens ögonblick t_A inte sammanfaller med tidens ögonblick, t_{BA} och tidens ögonblick t'_A sammanfaller inte med tidens ögonblick t'_{BA}. Endast tidsögonblicket t_B, sammanfaller med tidsögonblicket, t_{AB} och är mitt i intervallet mellan t_A och t'_A. Enligt Albert Einstein, när han t_B är i mitten, är klockorna synkroniserade. Men vi ser att de inte är synkroniserade. Genom att genomföra Einsteins experiment är det möjligt att få detta resultat där forskaren inte kan förstå att det finns ett fel.

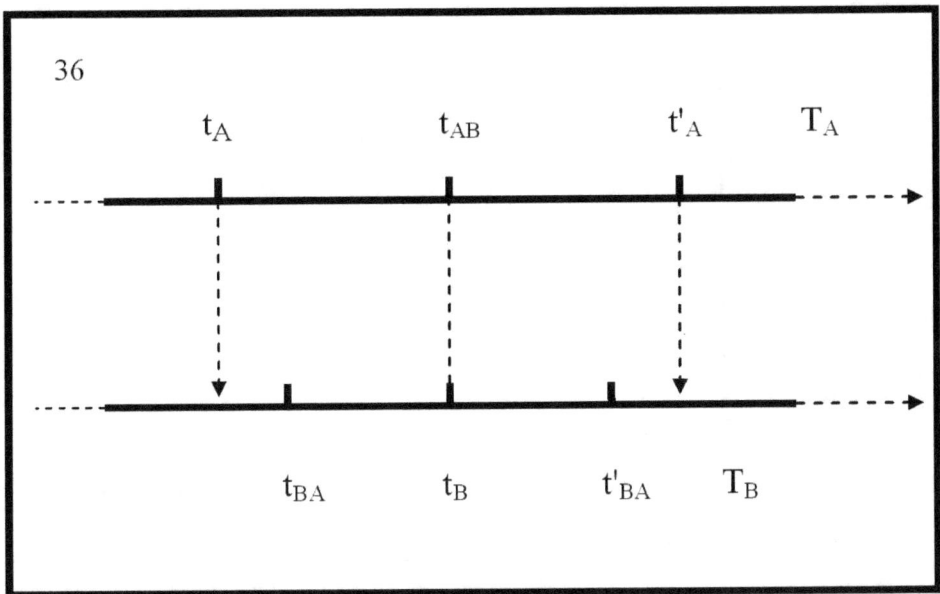

36

I figur 36 ser vi att ögonblicket t_A inte sammanfaller med ögonblicket t_{BA} och att ögonblicket t'_A inte sammanfaller med ögonblicket t'_{BA}. Momentet t_B sammanfaller med momentet t_{AB}, och är mitt i intervallet mellan t_A och t'_A, men klockorna är inte synkroniserade.

Se figur 37.

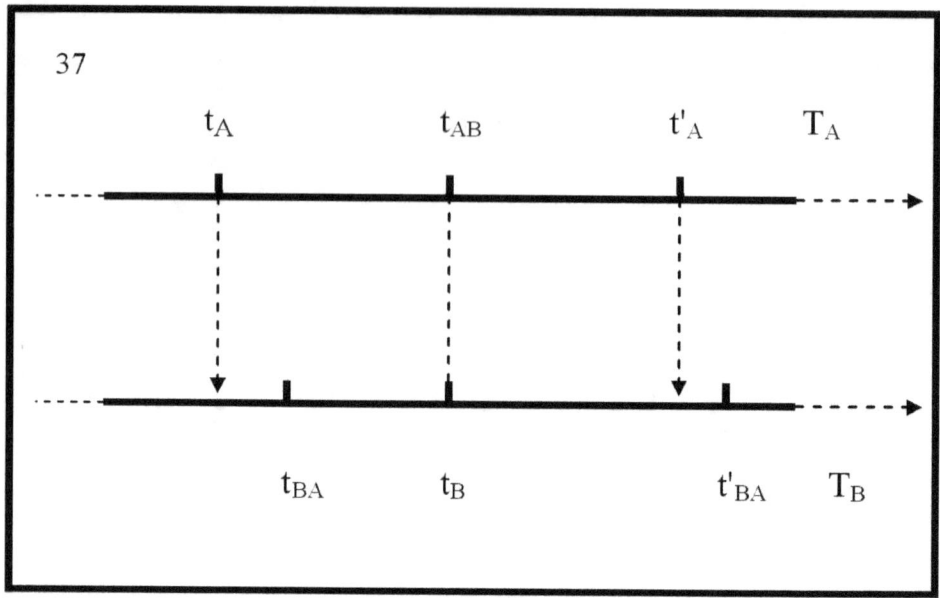

I figur 37 ser vi att ögonblicket t_A inte sammanfaller med ögonblicket t_{BA} och att ögonblicket t'_A inte sammanfaller med ögonblicket t'_{BA}. Momentet t_B sammanfaller med momentet t_{AB}, och är mitt i intervallet mellan t_A och t'_A, men klockorna är inte synkroniserade.

Låt oss nu se figur 38:

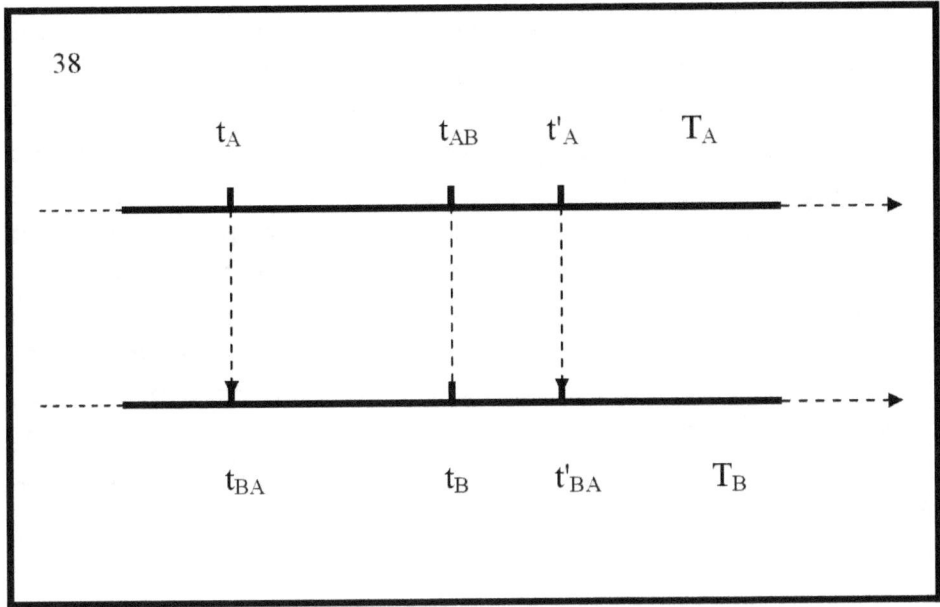

Figur 38 visar att momentet t_A sammanfaller med det ögonblick då t_{BA} det första villkoret är uppfyllt, momentet t_B sammanfaller med ögonblicket t_{AB}, det andra villkoret är uppfyllt, ögonblicket t'_A sammanfaller med ögonblicket t'_{BA}, är det tredje villkoret uppfyllt.

Alla tre tidpunkterna på en klocka A sammanfaller med de tre ögonblicken på en klocka, B vilket betyder att **klockorna är synkroniserade**. Men vi ser att ögonblicket t_B, som sammanfaller med ögonblicket t_{AB}, **inte är** mitt i intervallet mellan t_A och t'_A. Enligt Albert Einstein, om ögonblicket t_B, inte är mitt i intervallet mellan t_A och t'_A, är klockorna inte synkroniserade. Det väcker frågan, vem har rätt? Vi eller Albert Einstein? Döm själv.

En del av de läsare som läser det jag skrivit kan invända att det handlar om mycket detaljerade analyser, och onödigt komplicerade resonemang.

Jag håller inte med om en sådan invändning.

Jag håller inte med eftersom vi analyserar principerna och grunden för Relativitetsboken.

Relativitetsteorin, i sin färdiga form, tar hänsyn till alla effekter som är relaterade till fysisk tid. I relativitetsteorin är tid en variabel storhet. Tidens hastighet är olika, och beror på gravitationen och den hastighet med vilken olika fysiska kroppar rör sig i förhållande till varandra.

Till exempel, i relativitetsteorin, finns det svarta hålsfenomenet. I ett svart hål är tidens hastighet noll, och varje sekund blir ett oändligt långt tidsintervall.

Därför, när man synkroniserar klockor som ska mäta tid i relativitetsteorin, måste synkroniseringsmetoderna vara mycket exakta. Alla åtgärder som utförs och syftar till synkronisering måste analyseras noggrant. Otydligheter och felaktigheter är inte tillåtna.

4. LÖSNING PÅ PROBLEMET

Olika kriterier är möjliga för att bevisa den synkrona driften av åtminstone två klockor.
Det är viktigt att veta och alltid komma ihåg att:
Först:
Mängden möjliga kriterier för att bevisa synkrona rörelser är oändligt stor.
Se "Tid. Plats. Rörelse. Resten. Relativitet. Absolut" LAP LAMBERT Academic Publishing (2018-08-30)
Andra:
Definitionen av specifika kriterier görs av forskaren. Valet av en specifik metod beror på de vetenskapliga och forskningsuppgifter som ska lösas. Valet av väg (metod) är alltid en konvention, vilket är en överenskommelse mellan minst två forskare.
Tredje:
Synkronitetskriteriet gäller för rörelsetillståndet för minst två saker. Synkronicitetskriteriet kan inte tillämpas på vilotillståndet.
Fjärde:
Kriteriet för *synkron drift* av minst två klockor är något annat än kriteriet för *samtidig och exakt tidsmätning* med minst två klockor.
Vi kommer att överväga och analysera de klassiska kriterierna för att kontrollera den synkrona driften av minst två klockor. Med hjälp av figurer kommer vi att visa hur rörelser

synkroniseras.
Se bild 3 9.

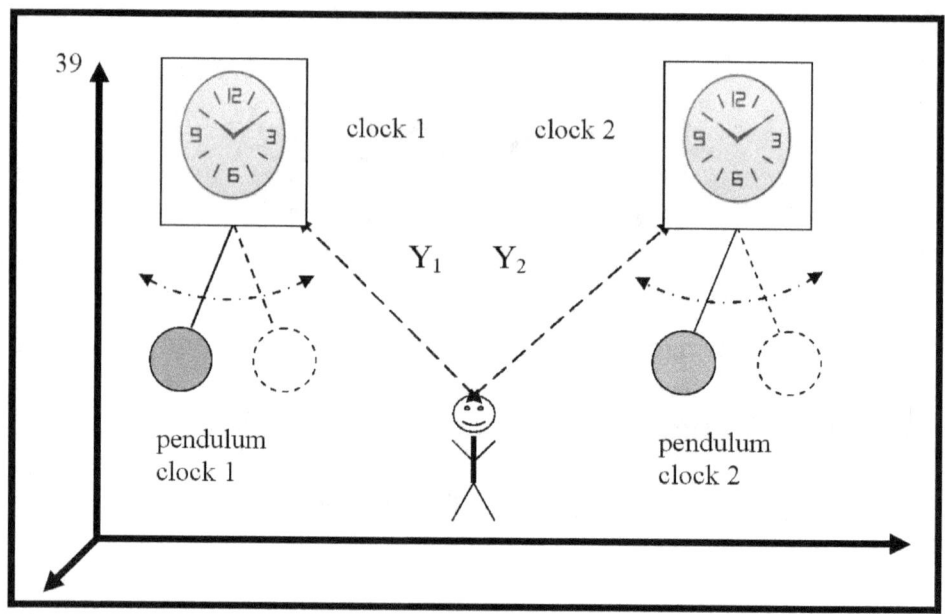

I figur 3 9 är två mekaniska cykliska klockor synliga. Mekaniska cykliska klockor är de som har en pendel.

Se "Tid. Plats. Rörelse. Resten. Relativitet. Absolut" LAP LAMBERT Academic Publishing (2018-08-30)

ses som är på samma avstånd från klockorna. Avståndet Y_1 är lika med avståndet Y_2.

Observatören är placerad i förhållande till klockorna på ett exakt definierat sätt. Det sätt som observatören är placerad på gör att observatören kan se klockpendel ett och klockpendel två.

Klockpendel ett och klockpendel två är placerade längst till vänster.

Den streckade linjen visar läget längst till höger som pendeln kommer att svänga vid klockan ett och läget längst till höger som pendeln kommer att svänga vid klockan två.

I det extrema högra läget och i det extrema vänsterläget är klockpendel ett och klockpendel två i vila.

I det allmänna fallet kan klockorna vara osynkroniserade, och då rör sig klockpendel ett och klockpendel två i förhållande till betraktaren på ett förskjutet sätt.
Se bild 40.

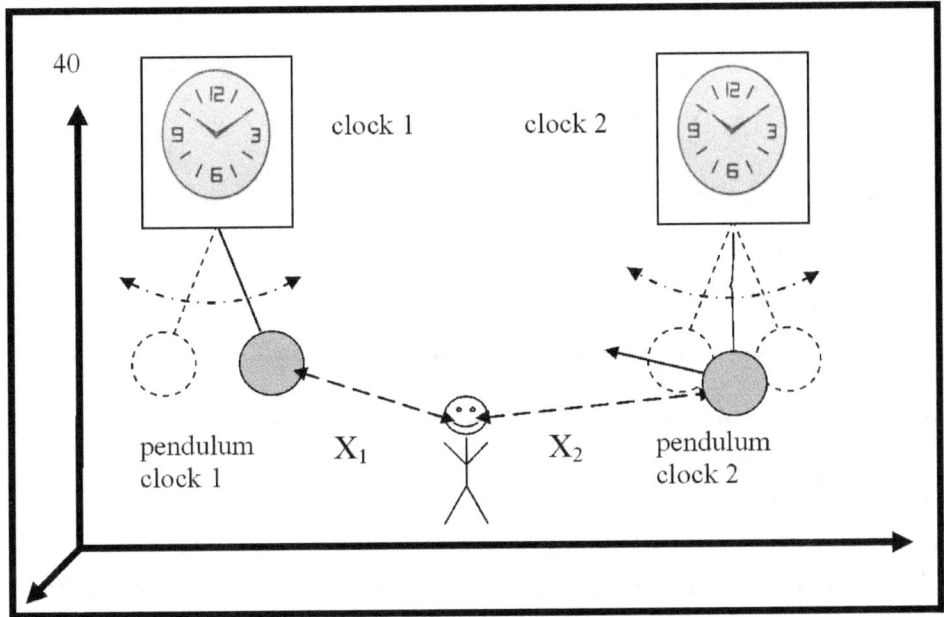

Figur 40 visar att klockpendel ett är i vila i förhållande till observatören. Men i figuren visas att pendeln på klocka två fortsätter att röra sig och närmar sig observatören. Avståndet X_1 är mindre än avståndet X_2.

I detta fall måste observatören vidta nödvändiga åtgärder för att erhålla ett sammanträffande av händelsen "vilotillstånd för pendel ett" med händelsen "vilotillstånd för pendel två". Detta kan göras på olika sätt. Vi kommer inte att beskriva de procedurer som måste utföras för att få matchande händelser. Vi kommer att analysera en metod för att kontrollera den synkrona driften av de två klockorna.

Vi kommer att överväga ett experimentellt fall där klockorna antas vara synkroniserade och måste verifieras.
Se figur 41

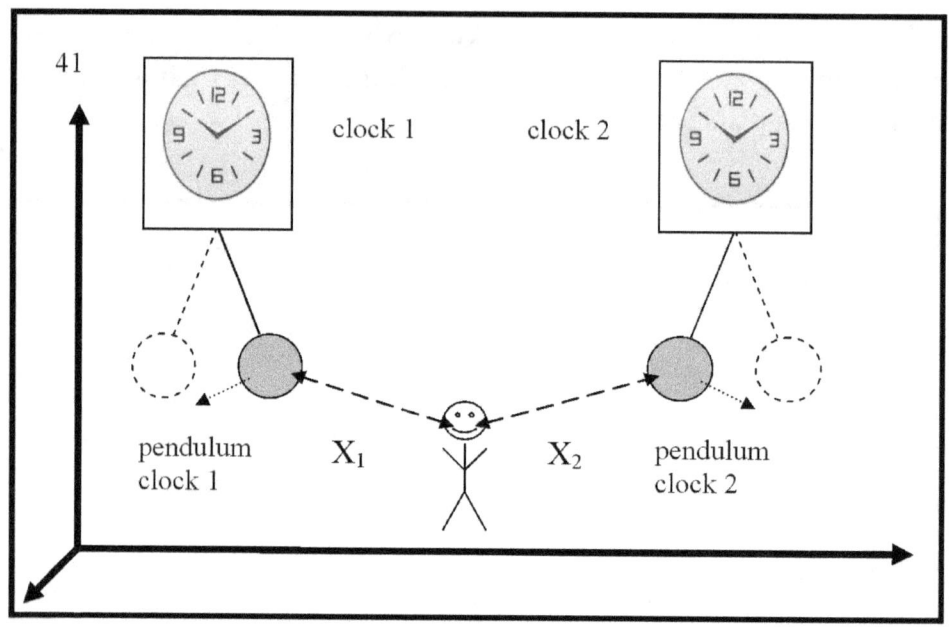

Figur 41 visar klockpendel ett och klockpendel två som rör sig i motsatta riktningar. När pendeln på klockan ett rör sig åt vänster, rör sig pendeln på klockan två åt höger. Observatören observerar rörelsen av de två klockornas pendlar. Observatören måste fastställa att rörelsen för de två pendlarna är synkron. Observatören måste välja kriterier för synkron rörelse av pendel ett och pendel två. Detta görs på följande sätt.

Observatören märker att när klockpendel ett är närmast observatören, klockpendel ett, står i vila i förhållande till observatören och börjar sedan röra sig i motsatt riktning.

När klockpendel två är närmast observatören står klockpendel två i vila i förhållande till observatören och börjar sedan röra sig i motsatt riktning. Tillståndet för rummen i ett sovrum och tillståndet för rummen i sovrummet två är två olika händelser. Observatören har möjlighet att observera och verifiera sammanträffandet av de två händelserna.

När en sammanträffande av de två händelserna inträffar slår observatören samman de två händelserna till en ny händelse som kallas "sammanfall av en *vilopendelhändelse ett* med en *vilopendelhändelse två*". Händelsen "sammanfall av en händelse i *vila pendel ett* med en händelse i *vila pendel två* " är en nödvändig förutsättning för att observatören ska kunna bevisa att rörelsen av pendel ett är synkron med rörelsen av pendel två. Men det räcker inte. Ett tillräckligt villkor är när händelsen "sammanfall av händelsen med *vilopendel ett* med händelsen av *vilopendel två*" inträffar en gång till. Detta bör göras på nästa svängcykel med pendel ett och pendel två.

Observatören vet att rörelsen av pendeln för klockan ett och klockan två ännu inte är synkroniserad, därför fortsätter observatören noggrant att övervaka rörelsen av pendel ett och pendel två. Observatören förväntar sig att i nästa cykel, för rörelse av pendel ett och pendel två, för andra gången, återigen, kommer händelsen "sammanfall av *vilopendel ett* med *vilopendel två*" att inträffa

vilopendel ett med *vilopendel två* " inträffar en gång till (för andra gången på samma sätt), då kan observatören dra slutsatsen att rörelse av pendel ett, är synkron med rörelsen av pendel två.

Det är viktigt att veta och komma ihåg att observatören kan observera händelsen "sammanfall av *vilopendel ett* med *vilopendel två* " om och bara för att (och när) han befinner sig **på samma avstånd** från de två klockorna. Om detta villkor inte är uppfyllt kan matchningen inte observeras.

Kriterierna som visas för synkrona rörelser är elementära. Betydligt mer komplexa kriterier är möjliga. Valet är upp till forskaren.

Vi har mycket detaljerat beskrivit en metod med vilken det är möjligt att bestämma synkrona rörelser och synkron drift av två klockor.

I de angivna kriterierna som vi använde används inte begreppet tid någonstans. Detta görs helt medvetet. Synkrona rörelser (som rör sig genom rymden) behöver inte tanken på fysisk tid för att bevisas eller motbevisas.

Fenomenet tid behöver bevisade synkrona rörelser. När synkrona rörelser påvisas är det möjligt att analysera fenomenet fysisk tid.

5. ANALYS
2022-02-02.

Denna diskussion togs den andra dagen i februari, tvåtusen och tjugotvå. Det är kul.

1905 publicerade Einstein artikeln " Zur elektrodynamik upphovsman Kö rper ", Annalen der Physik , 1905 17, 891-921.
I paragraf två i artikeln definierar Einstein två principer för speciell relativitet, enligt följande:

Första principen.

De lagar genom vilka de fysiska systemens tillstånd förändras beror inte på vilket av de två systemen i enhetlig rätlinjig rörelse i förhållande till varandra dessa förändringar hänvisas till.

Andra principen.

Varje ljusstråle rör sig i ett vilokoordinatsystem med en viss hastighet V , oavsett om denna stråle sänds ut från en vila eller en rörlig kropp. Dessutom $velocity = \dfrac{beam..path}{time..interval}$ **bör som "tidsintervall" förstås i betydelsen av definitionen i första stycket .**

Obs: ($velocity = \dfrac{beam..path}{time..interval}$) = (hastighet = strålbanan / tidsintervall)

Men jag beklagar att notera att i stycke ett, ger Einstein ingen definition av " **tidsintervall** ". Ännu värre, i stycke ett o Einstein,

inte en enda gång, använder termen " **tidsintervall** ". Och ändå insisterade Einstein på att **ett tidsintervall** skulle förstås i betydelsen av paragraf ett.
Vad betyder frasen:

"... **skall förstås i den mening som avses i definitionen i första stycket**".

Detta kan inte vara en definition. Det här sättet att göra analys är inte korrekt. Detta leder till missförstånd och en rad misstag. Det betyder att när olika forskare läser stycke ett kommer de att få olika uppfattningar om ett **tidsintervall** . När de får olika idéer kommer de att tänka annorlunda om **tidsintervallet** . Det stämmer, det ska inte hända. Människor är olika och uppfattar mattinformation olika. Detta är helt normalt, och det kommer det alltid att vara. Detta är anledningen till att varje enskild forskare bör ge så tydliga, så exakta och så korta definitioner som möjligt.
Sedan läser läsaren definitionen och en tydlig uppfattning om fenomenet som definieras skapas i hans sinne . När två forskares representationer är tydliga kan dessa två representationer vara identiska. Detta är syftet med varje enskild definition som skapas inom vetenskapen.
Einstein uppnådde inte detta mål. Jag har en känsla av att han av någon anledning inte satte sig en sådan uppgift, och som om han medvetet inte gav en definition av begreppet "tidsintervall". Vissa läsare kan hävda att detta inte är så viktigt, och det spelar ingen roll för den speciella relativitetsteorin. Jag kommer att svara så här: Jag håller absolut inte med. **Tidsintervallet** är ett grundläggande och viktigt begrepp inom Special Relativity, kanske det viktigaste av de två principerna. **Tidsintervallet** spelar en nyckelroll i skapandet av den matematiska apparaten för den speciella relativitetsteorin. De matematiska uttrycken är elementära, och det är lätt att se att när relativitetsteorin skapas, blir "tidsintervallet" **fysisk tid** , genom Lorentz-formeln . Einstein var den första som föreslog en definition av begreppet fysisk tid. Enligt min mening är detta hans främsta bidrag till vetenskapen.

Fysisk tid är ett grundläggande (grundläggande, viktigt) begrepp i den speciella relativitetsteorin , i den allmänna relativitetsteorin och i fysikvetenskapen. Ingen annan före Einstein hade antagit en hypotes om att fenomenet FYSISK TID existerade.

Einstein uttryckte denna hypotes 1910 i artikeln " Le principe de relativite ses impacts dans physique moderne " . I denna artikel använde Einstein tidsintervall och skapade genom dem hypotesen om FYSISK TID.

Därför , när man definierar termen "tidsintervall", måste definitionen vara helt klar, perfekt exakt, perfekt exakt. När klarhet, precision och precision saknas betyder det att dolda hypoteser och detaljerade axiomatiska sanningar, eller halvdefinitioner , kan vara närvarande. Det är då de största misstagen och villfarelserna inom vetenskapen dyker upp.

I den angivna formeln $t_B - t_A = t'_A - t_B$ definieras tidsintervallet, endast och endast för en klocka A. I den givna formeln finns det inget klocktidsintervall B. Tidsintervallet för klocka A, används i dold form och för klocka B. Det är precis det som kallas en dold hypotes. I den första delen av artikeln försöker jag visa vad som är konsekvenserna av denna dolda hypotes. Enligt Einstein är klockorna synkroniserade, men av den analys vi har gjort är det väldigt tydligt att klockorna kanske inte är synkroniserade. Detta är ett klassiskt exempel på hur en felaktighet leder till osäkerhet i hela hypotesen. Denna obestämdhet förvandlas till en felaktighet och får allvarliga konsekvenser för Special Relativity, General Relativity och fysikvetenskapen.

Många olika forskare har analyserat den speciella relativitetsteorin, och har visat sin personliga inställning till Einsteins hypotes. En del är supportrar, en annan del är motståndare. Båda är överens om att de två principerna är de viktigaste och är grunden för den speciella relativitetsteorin. Men båda gör väldigt ofta samma misstag, nämligen att de inte citerar hela den andra principen. De märker inte att den sista meningen i principen är en del av själva principen och representerar ett **tidsintervall** . Om de citerar honom, uppmärksammar de inte vad som sades och analyserar det inte .

Återigen den andra principen:

Varje ljusstråle rör sig i ett vilokoordinatsystem med en viss hastighet, V **oavsett om denna stråle sänds ut från en vila eller en rörlig kropp. Dessutom** $$velocity = \frac{beam..path}{time..interval}$$, **som "tidsintervall" bör förstås i betydelsen av definitionen av paragraf ett".**

I den sista meningen i den andra principen (den röda) använde Einstein först termen " **tidsintervall** ", och hävdade omedelbart därefter att " **tidsintervall** " definierades i stycke ett. Jag har läst avsnitt ett mycket noggrant och upprepade gånger. Jag ville hitta en definition av "tidsintervall". Tyvärr hittade jag ingen sådan definition. Om någon läsare lyckas, hör gärna av er. Jag kommer att vara tacksam.

Jag kan inte acceptera en sådan definition som föreslås på detta sätt. Begreppet **tidsintervall o** behöver en definition som är av principiell rang, med avseende på relativitetsteorin. I relativitetsteorin är ett " **tidsintervall** " **någon speciell uppmätt, MÄNGD TID, av KVALITETS FYSISK TID.** Där är KVALITET FYSISK TID relativt. Fenomenet " **tidsintervall** " är närvarande i ALL EN OÄNDLIG AKTUALITET. Den är närvarande absolut samtidigt, och är relaterad till den filosofiska kategorin TID , och det objektivt existerande fenomenet TID.

****

Intervallet är definierat för endast en klocka, och detta intervall måste vara lika med intervallet för den andra klockan. Här uppstår frågan, vad betyder likheten mellan två tidsintervall. Sammanträffande av två tidpunkter måste alltid bevisas . Starttiden för det första intervallet måste matcha starttiden för det andra intervallet, och sluttiden för det första intervallet måste matcha sluttiden för det andra intervallet. Detta kallas sammanträffande av händelser i tid, vilket är en perfekt idé om Einstein. När sammanträffandet är bevisat är det möjligt att konstatera att de två intervallen är lika. Detta är bedömningen, och i det mänskliga huvudet skapas en idé om jämlikhet med två tidsintervall . Man måste alltid komma ihåg att idén om något skiljer sig från själva saken. Begreppet tid skiljer sig från fenomenet tid. Jag säger detta eftersom jag är fast övertygad om att begreppet fenomenet **fysisk tid** är helt annorlunda än begreppet fenomenet **filosofisk tid** . Den filosofiska **kategorin tid** betecknar ett verklighetsfenomen som i grunden skiljer sig från Einsteins fysiska tid. Fysikens moderna utveckling visar att detta faktum inte tas med i beräkningen.

****

Mätningen av en **tidsperiod** görs med ett " **tidsintervall** " och används för att mäta avstånd. Vid avståndsmätning används en standard. Varje riktmärke (för avstånd) har två slutpunkter. De två ändpunkterna för kupongen sammanfaller med två punkter för DEN OÄNDLIGA EFFEKTIVITETEN.
Sammanträffandet av punkter i rymden är absolut. Sammanträffandet av två punkter på en linje med två punkter på en annan linje är alltid absolut samtidigt. Det är **förekomsten av händelser i tiden** . Sammanträffandet av dessa punkter behöver inte hypotesen om relativ tid. När standarden inte rör sig måste sammanträffandet av poäng här och nu vara absolut samtidigt med sammanträffandet av poäng där och nu.
Det sanna påståendet är:
Då, **här och nu** , har vi ett sammanträffande med, **där och nu** .
Där och nu är enligt klockan, **här och nu** . När avstånden tenderar att vara oändligt stora, eller oändligt små, är det en svår uppgift att bestämma ett **tidsintervall** . Och om det inte finns någon exakt definition blir **tidsintervallet** en utopi.

6 ANALYS 22022022

Denna analys utfördes den tjugoandra februari, tvåtusen, tjugotvå. Ännu en rolig slump.

I sin analys använde Einstein begreppen tid, rum, tidsintervall, tidpunkt, kriterier för synkronisering, klocka och tidsmätning. Einstein använde begrepp med tanken att begreppen är extremt tydliga, begripliga och inte behöver någon förklaring. Men det är inte så. De uppräknade begreppen tjänar till att beteckna vissa fysiska fenomen. Fysiska **fenomen** är objektivt existerande. Objektivt existerande betyder att fenomen är oberoende av medvetandet (mänskligt tänkande) och att de ligger utanför det mänskliga medvetandet och att de inte är en produkt av mänskligt medvetande. Fysiska fenomen har en viss essens. Kärnan i ett visst fenomen är en uppsättning enskilda delar. Varje del har en viss egenskap. Varje egenskap är en form av rörelse eller en form av vila.

Summan av de enskilda delarna tillhör en hel essens . Medvetandet speglar fenomenet och dess väsen. Tänkande är en högre form av reflektion (sök på Internet efter "Theory of Reflection" Akademikern Todor Pavlov). Tänkeprocessen täcker någon del av den oändliga uppsättningen möjliga samband mellan delarnas egenskaper, av fenomenets väsen. Dessa är möjliga samband mellan former av rörelse och former av vila. Att tänka, som en högre form av reflektion, av ett visst ämne är singular, singular, vilket betyder att det är absolut. Detta betyder att i DEN ENDA OÄNDLIGA VERKLIGHETEN tänker inga två varelser likadant. Varje särskild entitet är singulär, absolut och återspeglar DEN ENDA OÄNDLIGA AKTUALITETEN, på sitt eget subjektivt unika sätt. Som ett resultat av reflektionen dyker idéer om **begreppets form och innehåll** upp i ämnets sinne, genom vilka det existerande fenomenet objektivt betecknas. Ämnen analyserar och kommunicerar genom konkreta begrepp. Formen på det konkreta begreppet som används av olika ämnen är densamma (det är samma ord), men innehållet i det konkreta begreppet som används av olika ämnen är olika. Humanvetenskap är resultatet av att utföra kollektiva subjektiva analyser och forma specifika slutsatser genom specifika begrepp. Ämnen förklarar konkreta slutsatser och konkreta begrepp som subjektiv sanning (hypotes), och detta är en konvention, ett kontrakt av subjektiv sanning, som är en hypotes. I hypotesen finns samma begrepp med olika innehåll. Förekomsten av begrepp med olika innehåll gör att det finns en närvaro av axiomatiska dolda hypoteser.

En av humanvetenskapens viktiga uppgifter är att fastställa och eliminera dolda, underförstådda, axiomatiska, subjektiva sanningar.

Modern fysik är full av godtyckliga hypoteser som är dolda i all mänsklig vetenskap. Detta är ett betydande fel som kan övervinnas genom användning av lämpliga vetenskapliga metoder. Kunskapsteorin (epistemologi) leder oss till vetenskapen om filosofi, som är metodologi i relation till privatvetenskapen. Jag kommer att använda detta faktum för att skapa en lämplig definitionsmiljö. Definitionsmiljön är en summa av definitioner av viktiga fysiska begrepp, och regler för hur definitionerna används.

7. DEFINITION MILJÖ

Definition ett.
Den filosofiska **kategorin** TID tjänar till att beteckna **fenomenet** TID.

Definition två.
Fenomenet TID **existerar** oberoende av **medvetandet**.

Definition tre.
Fenomenet TID är **ett attribut** för DEN ENDA OÄNDLIGA VERKLIGHETEN.

Definition fyra.
Ett "Tidsintervall" är en **mängd** TID.

Definition fem.
specifik **mängd** TID tillhör en **enskild kvalitets** TID

Definition sex.
Att definiera **kvalitet** TID är en konvention.

Definition sju.
Varje händelse är ett **fenomen** som har en **essens**

Definitionsmiljön är nödvändig för analysen av fenomenet TID. Definitionsmiljön tillåts ändras, eller helt annorlunda, vilket är en ny konvention.
Men det måste finnas i början av varje analys. Om inte är analysen omöjlig.

8. FÖRKLARINGAR TILL DEFINITIONSMILJÖN.

Till definition en.
Den filosofiska **kategorin** TID tjänar till att beteckna **fenomenet** TID.

Förklaring:
Inom filosofivetenskapen finns grundläggande viktiga begrepp som kallas **kategorier** . Begreppet TID är en filosofisk *kategori* . Begreppet **fenomen** är en filosofisk kategori som tillhör det dialektiska logiska systemet. Dialektisk logik är en del av filosofisk kunskap som definierar utvecklingen av absolut Ande (se Hegel "Fenomenologi av Anden")

Till definition två.
Fenomenet TID **existerar** oberoende av **medvetandet** .

Förklaring:
När och om **medvetandet** försvinner, kommer TIDEN att fortsätta att **existera** . Begreppen **medvetande** och **existens** är filosofiska kategorier som definieras i Reflection Theory. Reflektionsteori är en del av filosofisk kunskap som handlar om studiet av REFLEKTION som den **huvudsakliga egenskapen** hos DEN ENDA OÄNDLIGA AKTUALITETEN. Egenskapen för REFLECTION är orsaken till UTVECKLING AV ABSOLUT ANDE och MATERIA. Inom vetenskapsfilosofi betecknas **sakens** huvudegenskap med **kategoriattributet.** När och om **saken** tas bort från attributet, så upphör **saken att existera.**
Den filosofiska kategorin **finns, den** tillhör Theory of Reflection

(Se Internet, akademiker Todor Pavlov "Theory of Reflection").
Vingi-tillvaron finns i RYMD och i TID.
Begreppen RYMD, MATERIA, ABSOLUT ANDE är kategorier av filosofi.
Kategorin ENKEL OÄNDLIG AKTUALITET tjänar till att beteckna den oändliga mångfalden av **objekt** och **subjekt** (se " Tid . Rum . Rörelse . Vila . Relativitet . Absolut " Lambert förlag 2018 ") . Begreppen **objekt** och **subjekt** är filosofiska kategorier som analyseras, definieras och tillhör Reflection Theory.
Kategorierna **något** och **ingenting** tillhör det dialektiska systemet.

Till definition tre.
Fenomenet TID är **ett attribut** för DEN ENDA OÄNDLIGA VERKLIGHETEN.

Förklaring:
Det filosofiska kategoriattributet **betecknar** en oåterkallelig egenskap. Varje **fenomen** har en oåterkallelig egenskap. Jag har redan sagt att när den oåterkalleliga egendomen tas bort från **fenomenet** så upphör **fenomenet att existera** . När TIME-attributet tas bort från DEN ENDA OÄNDLIGA AKTUALITETEN, upphör den ENDA OÄNDLIGA AKTUALITETEN att existera.

Till definition fyra.
Ett "Tidsintervall" är en **mängd** TID.

Förklaring:
"Tidsintervall" mäts med en TIME-mätanordning. Mätanordningen för TIME mäter en **tidsperiod** . Mätanordningen för TIME kallas en klocka. **Mängden** möjliga klockor, i DEN ENDA OÄNDLIGA VERKLIGHETEN, är oändligt stor .

Till definition fem.
specifik **mängd** TID tillhör en **enskild kvalitets** TID

Förklaring:
Typen TID är **kvalitativt** definierad TID.

Till exempel, relativ TID är **kvalitet** TID, absolut TID är en annan **kvalitet** TID, Einsteins fysiska TID är **kvalitet** TID, logisk TID är **kvalitet**. Fler kan listas...

Till definition sex.
Att definiera **kvalitet** TID är en konvention.

Förklaringar:
1898 publicerade Poincaré en artikel. (" Tid mätning .") »Revue de Metaphysique et de Morale» (1898, t. VI, s. 1-13).

Detta är en underbar analys av de problem som uppstår när det gäller att bestämma sätt att mäta tid. I analysprocessen undersöker Poincaré olika regler som kan användas och drar två väsentliga slutsatser:

"I den här diskussionen vill jag uppmärksamma två punkter.
1. De tillämpliga reglerna är ganska olika.
2. Det är svårt att skilja det kvalitativa problemet med samtidighet från det kvantitativa problemet med tidsmätning".

Under det avlägsna året 1898 är vad Poincaré sa en sann profetia om vad som händer nu, år 2022. Poincaré visar på de problem som uppstår när man studerar fenomenet TID. Detta är problem som stoppar utvecklingen av fysiken och all modern vetenskap.

Och när Poincaré ännu en gång undersöker tidsintervall, säger han:

"Vi måste dra följande slutsats. Vi kan inte direkt bestämma med intuition vare sig samtidigheten eller likheten av två tidsintervall. Om vi tror att vi har sådan intuition är vi vilseledda. Vi ersätter det med några regler som vi nästan alltid använder utan att inse det."

Poincaré sa detta 1898! Detta var åtta år före 1905, när Einstein publicerade sin första artikel om relativitetsteorin (" Zur elektrodynamik upphovsman K ö rper "). I den här artikeln började Einstein tänka på ett tidsintervall, och försökte skapa en definition av ett tidsintervall. Men Einstein lyckades inte. Min personliga åsikt är att Poincaré visste mycket mer än Einstein. Poincaré var väl medveten om de problem som skulle lösas när man analyserade fenomenet TIME. Det var denna kunskap som hindrade Poincaré från att skapa relativitetsteorin på det sätt som Einstein skapade teorin. Einstein hade en intuitiv förståelse av fenomenet TID.

Och just därför måste, enligt Poincaré, intuitiv kunskap om tid ersättas av regler för att mäta tid. När regler för tidsmätning visas, **visas kvalitetskonventionen TIME**.

Regler är definitioner, konvention är en definitionsdomän. Definitionsområdet definierar kvalitets TID. De regler som presenteras i konventionen ska uppfylla vissa krav.

Här är Poincarés ord:

"Vad är kärnan i dessa regler?
Det finns ingen allmän regel. Det finns många privata regler som används i varje specifikt fall. Dessa regler är inte påtvingade oss, och vi kan hitta på andra. Men de kan inte ändras när de komplicerar formuleringen av fysikaliska lagar, mekanikslagar och astronomi. Därför väljer vi dessa regler inte för att de är sanna, utan för att de är mest bekväma, och vi kan sammanfatta enligt följande:

Samtidigt av två händelser, eller ordningen för deras följd, måste bestämmas, genom att två varaktigheter är lika, så att formuleringen av naturlagar är så enkel som möjligt. Med andra ord, alla dessa regler, alla dessa definitioner, är bara frukten av omedvetna överenskommelser.

För mer än hundra år sedan skapade Poincaré ett program för framtida utveckling av hypoteser om fenomenet TID. Detta program måste användas nu. Jag håller med Poincarés analys och delar hans idéer om utvecklingen av vetenskap som studerar fenomenet TID. Poincarés analyser innehåller en enorm heuristisk laddning. Det är vägledande idéer som vi som analyserar fenomenet TIME måste följa.

Till definition sju.
Varje händelse är ett **fenomen** som har en **essens**.

Förklaring:
I artikeln " Zur elektrodynamik upphovsman K ö rper " skriven 1905 introducerade Albert Einstein termen "tillfällighet av händelser" och föreslog att den skulle användas för att definiera händelsernas samtidighet. Så här står det:

"Om en klocka är belägen i en punkt A i rymden, då kan observatören, belägen vid A , bestämma tidpunkten för händelser i omedelbar närhet av A genom att fråga efter sammanträffandet av positionerna för klockans visare som är samtidiga med dessa händelser."

Det förstås av texten att Einstein försöker **fastställa tiden för händelser** som är belägna nära klockan A genom positionerna för klockvisarna. Den bedömning som Einstein gjorde är ganska intuitiv, otydlig och behöver ytterligare analyseras.
Einstein talade om många händelser som inträffade i närheten av en klocka. Var och en av dessa händelser sammanfaller med positionen för klockans visare. Einstein noterade inte att i det här fallet representerar "positionen för klockans visare" en inträffande händelse. Men då är det här två händelser, av två oberoende händelser som sammanfaller. Detta ger Einstein anledning att kalla dem samtidigt. Då definierar sammanträffandet av minst två händelser, varav en är positionen för visarna på **en enda** klocka, åtminstone ett ögonblick i tiden. Detta är en mycket bra idé av Einsteins, som vi kommer att använda hela tiden. Och sedan **uppstår händelser** (ett fenomen dyker upp), med en **essens** som är slumpen. Händelsen 'klockposition' har ett numeriskt värde. Det numeriska värdet visas i klockan och tilldelas händelsen "klockvisares position". De två händelserna, som är två **fenomen**, har samma **väsen**, vilket betecknas som en tillfällighet.
Och då har sammanträffandet samma specifika numeriska värde, och kallas ett **ögonblick** .

Det betecknas vanligtvis med T_n eller t_n , där, $n = 0,1,2,3,....\infty$
Ett ögonblick i tiden är alltid antingen början eller slutet av

något **tidsintervall**. Antingen början eller slutet av det konkreta **tidsintervallet tillåts** vara okänt, och då kommenteras antingen slutet eller början inte av forskaren.

9. SLUTSATS

Man kan säga att det jag har skrivit inte är så viktigt, och Special Relativity är korrekt.
Jag kommer att argumentera mycket kort:
Special relativitetsteori är en teori om fysisk tid. Fysisk tid definierades av Einstein. Fysisk tid är relativ. Einsteins metod använder ett enkelt matematiskt uttryck:

$$t_B - t_A = t'_A - t_B$$

Genom detta uttryck definierade Einstein begreppet " *tidsintervall* ".
I Special Relativity blir " *tidsintervall* " " *fysisk tid* ". När det råder tvivel om att **tidsintervallet** är felaktigt betyder det att fysisk tid är felaktig och att Special Relativity är felaktig.